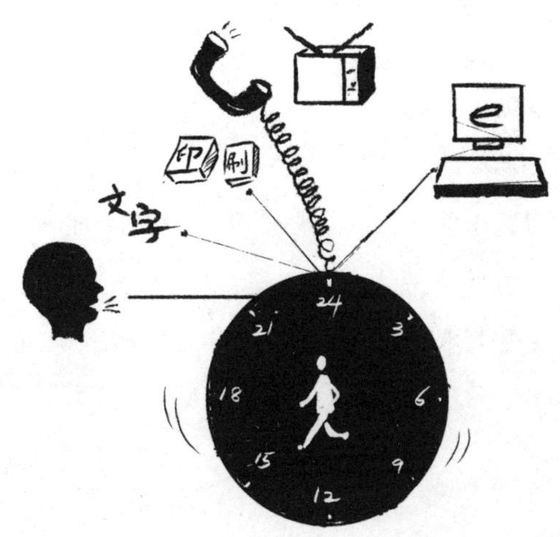

生活遇上 大数据

钱淑芳 编著

YUANFANG 远方出版社

图书在版编目（CIP）数据

生活遇上大数据 / 钱淑芳编著. -- 呼和浩特 : 远方出版社, 2017.11

ISBN 978-7-5555-1106-9

Ⅰ. ①生… Ⅱ. ①钱… Ⅲ. ①数据处理－普及读物 Ⅳ. ①TP274-49

中国版本图书馆 CIP 数据核字(2018)第 004891 号

生活遇上大数据

SHENGHUO YUSHANG DASHUJU

编　　著　钱淑芳
责任编辑　杨　敏　王　叶
责任校对　杨　敏　王　叶
装帧设计　高月雅　韩　芳
插　　图　张　莹　赵丽霞
出版发行　远方出版社
社　　址　呼和浩特市乌兰察布东路 666 号　邮编 010010
电　　话　（0471）2236470 总编室　2236460 发行部
经　　销　新华书店
印　　刷　北京金康利印刷有限公司
开　　本　170mm×240mm　1/16
字　　数　200 千
印　　张　13
版　　次　2017 年 11 月 第 1 版
印　　次　2018 年 9 月 第 3 次印刷
标准书号　ISBN 978-7-5555-1106-9
定　　价　39.80 元

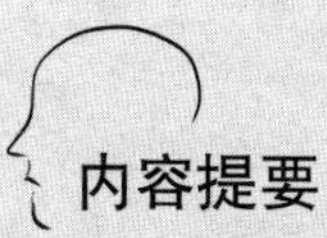

内容提要

《生活遇上大数据》是一本关于大数据的通俗读本。本书将70篇内容划分为12大主题：社会与历史、政务、娱乐、营销、广告、教育、医疗等，都是与人们的生活息息相关的内容。

本书的定位，既可以称之为关于大数据的提升公民科学素养的书，也可以视其为通俗的社会科学教育普及读本。此外，为了满足移动互联时代人们的碎片化阅读需求，本书一篇文章三种体例：故事——生活气息浓郁；点评——深入浅出说理；小贴士——一语道破名词术语。通过三种体裁在同一主题下混搭，可以缓解单一内容阅读所带来的审美疲劳，这亦可称为纵向阅读。同时本书也可以采取横向阅读：故事、点评、小贴士拆分开，可以一口气读完70个故事，一口气读完70个点评，一口气读完70个小贴士，或许会让你获得比“混搭”阅读更好的效果。

此外，100幅精美的原创手绘插图，也可以让你充分享受读图带来的快乐。

不信？现在就打开第一页，开始吧！

目 录
CONTENTS

第一类：

社会政治历史与大数据

当世界开始迈向大数据时代时，社会也将经历类似的地壳运动。在改变人类基本的生活与思考方式的同时，大数据早已在推动人类信息管理准则的重新定位。然而，不同于印刷革命，我们没有几个世纪的时间去适应，我们也许只有几年时间。

——［英］维克托·迈尔·舍恩伯格

（《大数据时代》）

1. 今天：离午夜还有4秒钟

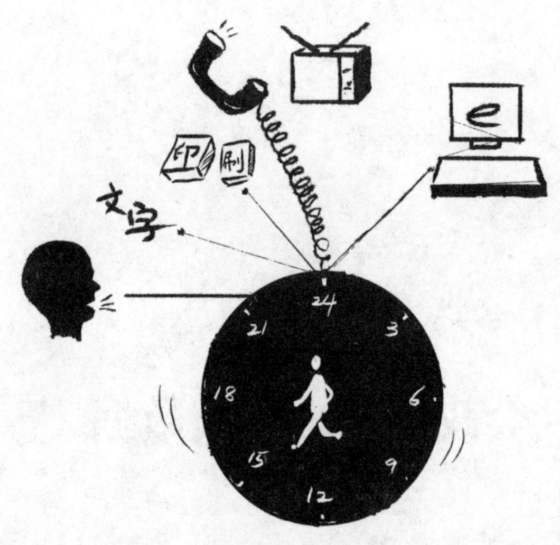

老师：哪位同学知道“宇宙年”？

小刚：整个太阳系绕银河系中心运动，速度约为250千米/秒，转一周经历2.25亿～2.5亿年，即1个宇宙年。

老师：太棒了！那你知道恐龙是什么时候出现在地球上的呢？

小刚：在2亿多年前的中生代，大量的爬行动物在陆地上生活，因此中生代又被称为“爬行动物时代”，恐龙是所有爬行动物中体格最大的一类。

老师：那你再给同学们讲一讲人类的出现吧！

小刚：据资料显示，世界最早发现的猿人化石，是1891年印度尼西亚爪哇岛上发现的爪哇猿人，距今60万～80万年。爪哇猿人同1927年在我国周口店发现的60万年前的北京猿人，一度被世界公认为“最早”的人类。

老师：请大家为小刚同学鼓掌……

今天我要给同学们讲的是“宇宙年”压缩包。两位传播学教授威尔伯·施拉姆和威廉·波特模仿天文学家卡尔·萨根，把“宇宙年”做了一个

压缩包，在压缩包上刻录了“传播学时钟”，为的是帮助我们更好地认识人类传播发展的轨迹。

首先，他们将人类出现在地球上的历史假定为100万年，而后比作只有24小时的1天来计算。在这个“传播学时钟”上，1小时就等于41666年，1分钟等于694年，1秒钟等于11.6年。人类传播史上的第一次革命是语言的出现，发生在10万年前，也就相当于这一天的21:36；人类的第二次传播革命是文字的发明，大约在公元前3500年，在“时钟”上大约为23:52；在第三次传播革命中，中国人在唐朝初期（约620年）首先发明了印刷术，此时约为23:59；1844年，当人类进行第四次传播革命，利用电波传播信息时，离午夜只差13秒；1946年，计算机和互联网在第五次传播革命中出现，这时离午夜仅4秒钟。因此，我们可以套用卡尔·萨根的话来说：人类很古老，传播很年轻。

在“年轻”的人类传播史上，每一次媒介革命所产生的巨大推动作用对人类来说都是意义非凡的。

语言的出现，促进了人类思维能力的增强，为人们相互交流思想、传递信息提供了有效的工具。

文字的发明，使知识、经验能够长期保存，使信息的交流开始能克服时间、空间的障碍，并可以长距离或隔代地传递信息。

印刷术的推广，使书籍、报刊成为重要的信息储存和传播的媒体，打破了知识垄断，极大地促进了信息的共享和文化的普及。历史学家伊丽莎白·爱森斯坦发现，在古腾堡发明印刷机以后的1453年到1503年的50年间，大约有800万本书被印刷出来，其数量之大，要比1200年前君士坦丁堡建立以来整个欧洲所有的手抄书都要多。

电话、广播、电视利用电磁波传播信息，打破了时间和空间的限制，使声音、画面的传播瞬息万里。20世纪计算机、互联网、大数据、云计算的出现，让我们进入了信息时代，伴随着移动互联网、移动终端和数据传感器的问世，数据量已经从TB跃升到PB乃至ZB。我们能够明显感受到数据产生的滚滚洪流。《2016-2021年大数据行业深度分析及“十三五”发展规划指导报告》显示，2014年全球数据总量为6.2ZB，2015年全球数据总量达8.6ZB。目前全球数据的增长速度在每年40%左右，以此推算，到2020年，全球的数据总量将达到40ZB（1PB =1024TB，1EB = 1024PB，1ZB = 1024EB）。

电子书替代了纸质书，数字影像替代了胶片影像，数字语音替代了模拟语音，数字视频替代了模拟视频，甚至公交卡替代了传统的公交车票，存储在手机上的票据可以是电影票、火车票、登机牌……当文本、图像、声音、视频都可以用1和0表示，都能够以数字格式记录、存储、编辑并传播时，数据便开始全面进入我们的工作和生活。我们正在经历一场前所未有的数据大爆炸，不仅数据的容量在扩大，数据的种类在增长，数据产生的速度也在日益加快。

小贴士

人类5次媒介革命

次数	出现的媒介	时间	具体内容
第一次	语言的出现	人类史前时期	语言成为人类的思想交流和信息传播不可或缺的工具
第二次	文字的出现和使用	公元前 3500 年	使知识、经验得到长期保存；信息交流克服时间和空间的障碍
第三次	印刷术的发明和使用	15 世纪（铅活字版）	书籍、报刊成为信息的重要存储载体，促进了文化共享和文化普及
第四次	电话、广播、电视的使用	20 世纪中叶	利用电磁波传播信息，实现声音、画面的传播瞬息万里
第五次	计算机和互联网的使用	以 1946 年电子计算机的问世为标志	国际网络出现，使网络环境下的数据库建设和计算机决策支持系统变为可能

2. 大数据八大综合试验区

2016年10月8日，国家发展改革委、工业和信息化部、中央网信办发函批复，同意在京津冀等7个区域推进国家大数据综合试验区建设，这是继贵州（2016年2月国家批准的首个大数据综合试验区）之后第二批获批建设的国家级大数据综合试验区。

此次批复的国家大数据综合试验区包括2个跨区域类综合试验区（京津冀、珠江三角洲），4个区域示范类综合试验区（上海市、河南省、重庆市、沈阳市），1个大数据基础设施统筹发展类综合试验区（内蒙古）。

第二批国家大数据综合试验区的建设，是贯彻落实国务院《促进大数据发展行动纲要》的重要举措，将在大数据制度创新、公共数据开放共享、大数据创新应用、大数据产业聚集、大数据要素流通、数据中心整合利用、大数据国际交流合作等方面进行试验探索，推动我国大数据创新发展。

点评

2015年11月3日，《中共中央关于制定国民经济和社会发展第十三个五年规划的建议》中提出，拓展网络经济空间，推进数据资源开放共享，实施国家大数据战略，超前布局下一代互联网。专家认为，这是我国首次提出推行国家大数据战略。

继2016年2月贵州作为国家首个批复的国家级大数据综合试验区之后，截至目前我国已经有八大试验区。

以内蒙古为例，目前内蒙古数据中心建设正在紧锣密鼓地进行，内蒙古自治区人民政府办公厅《关于印发2017年自治区大数据发展工作要点的通知》中指出：加快数据中心建设，积极探索绿色数据中心建设模式，加快推进中国电信内蒙古信息园、中国移动（呼和浩特）数据中心、中国联通西北云计算基地、中网科技（内蒙古）云计算数据中心等续建项目建设，开工建设包头大数据中心、海拉尔大数据中心、鄂尔多斯大数据中心、乌海大数据中心等项目，大力引进国家部委、行业或标志性企业数据资源。到2017年年底，全区服务器装机能力将达到100万台以上。

早在2012年5月，呼和浩特云计算产业基地就已经破土动工。该基地依托盛乐园区和鸿盛开发区，占地面积为25平方千米，将聚集一批云计算科研机构和产业链各环节核心企业，整合社会各类信息基础设施资源，推出面向不同需求的云计算服务模式，在电子商务、现代物流、旅游会展、中小企业服务、电子政务、城市管理等领域开展云计算应用工程示范。

小贴士

大数据与云计算

根据麦肯锡全球研究所给出的定义，大数据是一种规模大到在获取、存储、管理、分析方面大大超出了传统数据库软件工具能力范围的数据集合，具有海量的数据规模、快速的数据流转、多样的数据类型和价值密度低四大特征。

根据美国国家标准与技术研究院给出的定义，云计算是一种按使用量付费的模式，这种模式提供可用的、便捷的、按需的网络访问，进入可配置的计算资源共享池（资源包括网络、服务器、存储、应用程序、服务），使用者只需要投入很少的管理工作，或与服务供应商进行很少的交互，便能从巨大的资源共享池中获得自己所需要的信息。

从本质上讲，软件或数据在远程服务器上进行处理，并且这些资源可以在网络上任何地方被访问，那么它就可被称为云计算。

如果说云计算为数据资产提供了保管、访问的场所和渠道，那么如何盘活数据资产，使其为国家治理、企业决策乃至个人生活服务，则是大数据的核心议题，也是云计算内在的灵魂和必然的升级方向。未来，以大数据为基础，以“云计算+智能终端（如智能手机）+社会化网络（如微博、政民互动应用程序）”的形式，将进一步渗透到人们工作和生活中的每个场景。

3. “互联网总统”

2008年11月4日，对于尼克斯来说可能是一个终生难忘的日子。这天他像往常一样从睡梦中醒来并打开电视机，一则消息让他从睡梦中彻底清醒过来：美国民主党总统候选人、伊利诺伊州国会参议员奥巴马在举行的总统选举中击败共和党对手、亚利桑那州国会参议员麦凯恩，当选第44任（第56届）美国总统，并成为美国历史上首位非洲裔总统。

“他是怎么做到的，一位黑人是怎么成为美国总统的？”尼克斯不禁喃喃自语。正在做早饭的妻子爱丽丝听到尼克斯的话，从厨房走出来说：“亲爱的，我可一点都不惊讶，我早在Facebook上就知道奥巴马要成为总统了，他在Facebook上的一系列活动，可是帮他赢得了许多民众的支持。”

点评

从某种意义上讲，大数据是一种思维方式。近些年，大数据之所以成为热词，不仅仅是数据量的增大和数据处理技术的突飞猛进，还因为大数据所带给人的思维方式的变化。舍恩伯格（《大数据》一书的作者）说：“我们可以看到在全球发生的一个趋势，就是从原来的生产制造的思维方式到把自己视为一个数据的平台。”

在美国，许多人都喜欢通过Facebook更新个人状态、分享图片以及他们喜欢的内容。2008年，奥巴马的总统竞选活动也充分应用了社交网络的各种数据功能，其竞选团队不仅充分利用社交网络寻找支持者，还通过社交网络寻找到了一批数量庞大的总统竞选志愿军。最终，奥巴马依靠有效的互联网推广赢得了大选，并因此被称为继“电台总统”罗斯福、“电视总统”肯尼迪之后的第一位“互联网总统”。接着2012年奥巴马再次在总统大选中胜出，在这两次竞选中，他背后的被称为“核代码”的数据分析团队立下了汗马功劳。

其实早在2006年，脸书的联合创始人克里斯·休斯就建议扎克伯格在其网站上推出相关服务，这些服务包括帮助总统竞选人在Facebook上建立个人主页、为他们进行形象推广等。之后，随着Facebook的全面开放，用户数量呈现爆炸性增长，奥巴马的知名度得到了大幅度的提升。此后，在奥巴马竞选总统的过程中，克里斯帮助他掀起了一系列的网络活动，包括在社交网站上发表公开演讲、推广执政理念等。这些活动赢得了大量网民的支持，并最终募集到5亿多美元的竞选经费。

最终，“黑人平民”战胜了实力雄厚的对手，成为美国历史上第一位黑人总统。2012年，奥巴马团队对于大数据的应用更是帮他赢得了连任。而对于这次选举，也有人称为“Facebook之选”。

2016年，美国总统候选人特朗普和希拉里的竞选之战更是将大数据用到了极致。特朗普团队充分利用像Facebook这样的社交网站强大的数据分析沟通功能，以及与专门的数据分析公司进行合作，最终使得特朗普竞选成功。

从这些竞选活动可以看出，大数据分析已经成为现代大型政治选举必不可少的桌面筹码。这也预示着在未来，使用大数据方式进行的政治传播将以使用行为科学、数据分析和精准广告投放等方式彻底颠覆以往的竞选模式。大数据，正在改变着总统的竞选方式。

小贴士

Facebook

Facebook汉译为脸书，是美国的一个社交网络服务网站，创立于2004年2月4日，总部位于美国加利福尼亚州帕拉阿图，主要创始人是马克·扎克伯格。Facebook是世界排名领先的照片分享站点，截至2013年11月，每天上传约3.5亿张照片。截至2012年5月，Facebook拥有约9亿用户，2015年8月28日，单日用户数突破10亿。2016年6月8日，《2016年BrandZ全球最具价值品牌百强榜》公布，Facebook排第5名。2016年12月21日，Facebook推出音频直播。2017年《财富》美国500强排名中，Facebook排在第98位，是全球最具影响力的社交媒体网站之一。

4. 牧民的“洋气”生活

2017年8月8日，内蒙古自治区成立70周年庆祝活动在呼和浩特市隆重开幕，与此同时中央电视台《新闻联播》播出了这样一条消息：70年来，内蒙古的变化翻天覆地，有许多你想象不到的奇迹在这里诞生；如今在内蒙古，养牛放牧借助现代高科技也变得洋气起来。智慧牧场，成为内蒙古向现代农牧业转变的缩影。我们来听听现代牧民述说身边的变化。

“大家好，我叫苏雅拉达来，欢迎大家来到我们‘数字牧场智慧草原’，我们家有500多只羊，现在我就带大家一起放羊去。从前我们放牧人风吹日晒雨淋的，现在的我们坐在家里面吃着手扒肉，唱着歌，就可以放牧了。我们的羊身上还带着卫星定位器，我们随时可以检测到羊群的位置和活

动轨迹。现在大部分牧区通上了电，住进了新房，连上了Wi-Fi。城里人，你们用手机查看路况、买东西。我们用手机控制大型喷灌、管理羊群。这么洋气的牧区你们想不想来看看？”

在今天的内蒙古，“互联网+”已融入牧民生活，这样的智慧牧场越来越多。尽管数字牧场在今天的草原尚处于发展阶段，但它正在改变着越来越多牧民的生活——将他们从传统的放牧方式中解放出来，实现高效增收。

点评

近年来，数字化产品逐步走进游牧人家，无人机是“放羊鞭”，监控设施等现代科技产品代替了人工，给牧民的生产生活带来了极大便利。坐在家里轻点鼠标，周边三四千米的景

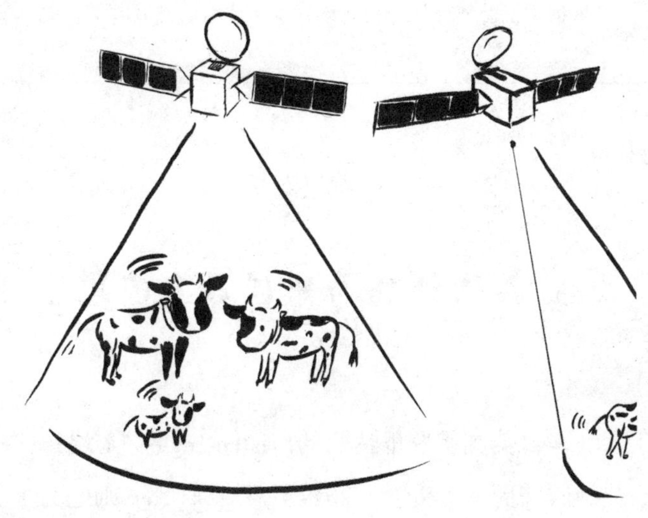

象出现在客厅电视上；打开手机微信，进入电子围栏放牧系统，羊群当日行走距离、运动轨迹都会实时掌握，牛羊走进饮水槽，红外感应功能会自动放水……诸如此类的“智慧生活”也逐渐多起来。中国自主研发的北斗卫星导航系统被牧民广泛使用，成为牧民生产生活中不可缺少的一部分。内蒙古库布其沙漠边缘的牧民阿拉腾仓去年给家里的头牛戴上卫星导航项圈，通过电脑和手机，就能准确定位牛羊群的位置。将北斗卫星导航系统、地理信息化等技术用于农牧业生产是一个创新，它进一步推动了中国现代草原畜牧业的发展。

小贴士

北斗卫星导航系统

北斗卫星导航系统（BeiDou（Navigation）Satellite System，BDS）是中国自行研制的全球卫星定位与通信系统，是继美国全球定位系统（GPS）和俄国格洛纳斯卫星导航系统（GLONASS）之后第三个成熟的卫星导航系统。北斗卫星导航系统由空间段、地面段和用户段组成，可在全球范围内全天候、全天时为各类用户提供高精度、高可靠定位、导航、授时服务，并具备短报文通信能力，已经初步具备区域导航、定位和授时能力。中国计划2020年左右，建成覆盖全球的北斗卫星导航系统。

5. 美国妈妈为中国养女内蒙古寻亲

来自美国佛罗里达州的Kristen Ingle女士说：“我想帮她找到亲生父母，让她收获更多关爱。”2017年7月23日，一则题为《美国妈妈为中国养女内蒙

古寻亲》的消息刷爆了头条号。

2004年2月的一天，一名2个月大的女婴在内蒙古自治区呼和浩特市新城区解放军253医院被发现。女婴身旁留有一张写着其生辰的字条，字条上同时留有孩子家人希望能有好心人收养孩子的无奈和恳求。2005年的6月，Kristen Ingle和母亲到了呼和浩特的福利院，收养了那位被遗弃的小女孩，也就是我们今天寻亲的主人公——可爱开朗的Macy。

Kristen告诉帮助寻人的工作人员，虽然在和菩萨祈祷后就收到领养通知的经历可能听起来很离奇，可对她而言奇迹就这么自然而然地发生了。Kristen回忆说："Macy第一次看到我的时候，只有16个月大，她用小手轻轻摸着我的脸，我猜她可能发现了我们有不一样的外貌和肤色。"

随着时间慢慢过去，Macy也到了入学的年龄。进入校园后，发现身旁的同学大多都是白人，Macy也开始对自己的身世感到好奇："为什么我和大家长得不一样呢？"养母Kristen女士也没有选择对Macy隐瞒她的身世。从4岁起，Kristen便带Macy到各种的中国庙宇、博物馆和学校，一起学习汉语和中国文化，目的就是希望在Macy重遇亲生父母之时，能够自己用汉语告诉他们："我在美国生活得很好很幸福，虽然童年的时候，我们没有一起生活，但很感谢你们给予我宝贵的生命，让我有了很多不同的尝试与经验。也希望我们能够像普通家庭一样，聚在一起吃一顿饭，好好了解对方。"

Kristen一直没有结婚，领养了Macy后，她把所有的爱都给了这个漂洋过海收养的女儿。Macy和养母一家相处得十分融洽，逐渐成长为了一个善良、乐观的女孩。她喜欢小动物，也喜欢帮助别人，擅长演奏单簧管，经常代表学校演出。

母女俩都觉得很有可能是因为过去“一孩政策”，而令亲生父母不得不和Macy分开；但也常常在想，Macy如果真的有亲生兄弟姐妹的话，或许也跟Macy一样，有着细长的眼睛和充满感染力的笑容。所以Kristen特别支持Macy回国寻亲，找到亲生父母，感受到更多的爱。

这个故事的确挺让人感动。头条号里的很多网友朋友们热情地转发，是为了让小Macy能够找到自己的亲生父母。同时有一个让大家特别好奇的细节，就是在这个故事的结尾，撰写者最后说：“根据Macy最近所做的DNA祖源成分分析，她的基因大部分来自于北方汉族和蒙古语族群。所以Macy有很大机会是出生于呼和浩特市、包头以及周边地区的村庄，特别是土默特左旗农村。”

人们都非常惊诧于这个DNA中的“祖源成分分析”，居然能够像人体的GPS一样，把一个人的出生地都能定位得这么精准。

事实上，文中提到的“祖源成分分析”的确能够通过对“DNA”进行数据分析，得出“她的基因大部分来自于北方汉族和蒙古语族群”这样一个结论，但是如果真能够精准到她的出生地在呼和浩特甚至土默特左旗，从笔者目前掌握的资料看，这显然是不可能的。

祖源分析

一般而言，祖源分析是整合遗传位点的高密度全基因组芯片，其中最重要的是包括了近2万个成千上万的Y染色体位点和近5000个线粒体（mtDNA）位点，剩余的位点位于22对常染色体和X染色体上。这22对常染色体的每一对染色体都有一条来自父系，一条来自母系，两条染色体在传代过程中对应的部分会发生交换，从而造成混血的效应，就是遗传学上说的重组，使得后代带有父母双方的遗传特征。我们都知道生命的终极问题：我从哪里来？我将往哪里去？我们一直在试图回答这两个命题。从哪里来，指的就是“祖源”分析，从遗传学角度来描绘你的祖先是谁；到哪里去，也就是健康风险，在疾病和遗传位点关联分析的基础上，来预测你患某些疾病的可能性。

6. 中国女人有多勤奋

结束了一周繁忙的工作后，吕瑶像往常一样，约了几个闺蜜一起喝下午茶。大家正有说有笑谈论着一周里发生的趣闻时，吕瑶的电话铃忽然响起，是闺蜜张露打来的。

“瑶，我今天去不了了，孩子她爸出差，我得接送她上舞蹈班，刚刚公

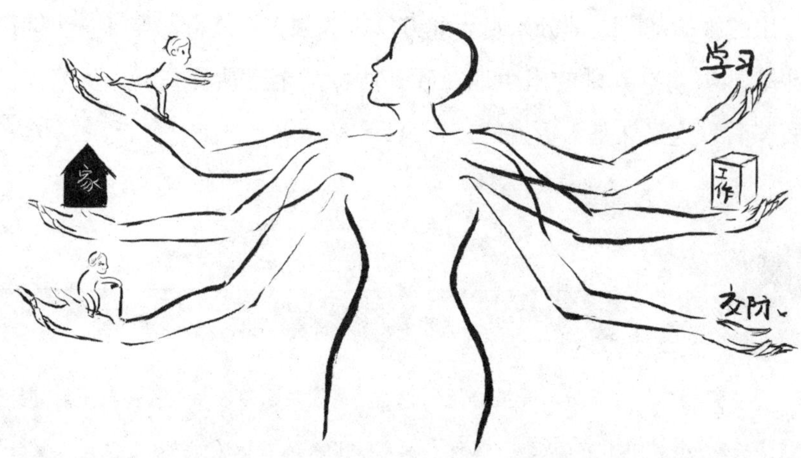

司说来了一个客户，我还得去见一下，真是忙得要死。”张露说。

“行，你忙吧，我们找时间再约，你……”还未等吕瑶的话说完，电话那头就传来了嘟嘟声。吕瑶无奈地挂断了电话说：“你们看看，连周末都闲不下来，又得照顾家庭又得工作。”

“忙起来好，充实，你要是真闲下来你又该待不住了。”闺蜜小唐连忙说道。

这时，一直埋头看手机的王萍急忙抬起头说：“真就是这样，我妈辛苦了一辈子，可算熬到退休了，这几天却突然说要出去打工，我让她在家享享清福，你知道她说什么吗？她居然说她要继续发挥余热，实现自我价值。”听到这儿，大家都笑了。

“阿姨真是我们新时代女性的榜样啊！”小唐边笑边说。

点评

故事中提到的女性，无论是年轻的张露还是已经退休的王萍的母亲，都

是我们中国千千万万女性的缩影。她们在照顾家庭的同时，也埋头工作，努力学习，勤勤恳恳，竭尽所能。

2012年9月，美国国家统计局发布了一组关于世界各国劳动参与率的数据，中国人的劳动参与率达到76%，位列世界第一。相比之下，美国的劳动参与率只有65%，日本只有58%，而与中国人口数量差不多的印度却只有

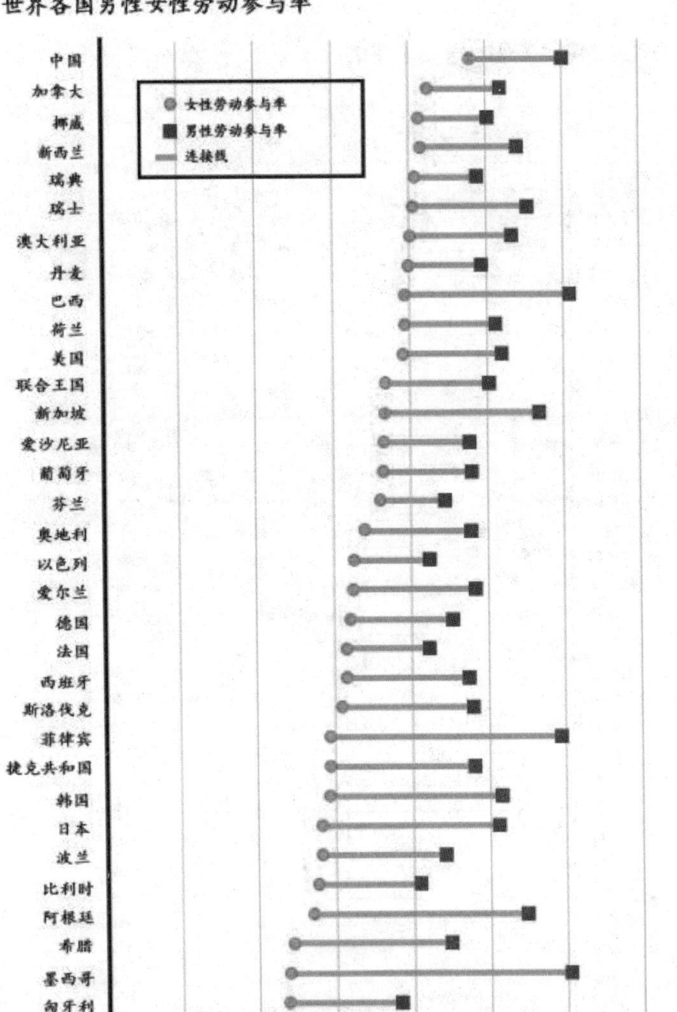

55%，也就意味着近一半的印度人不出门工作，而是在家里坐吃山空。

从这两个图表我们可以得知，中国女性的劳动参与率高达70%，远远领先于其他国家，甚至比一些国家的男性劳动参与率还要高。年龄层主要分布在25岁到55岁这个阶段，这个阶段的女性，年轻、有想法、有精力，不仅要挣钱养家，还要照顾家庭、教育孩子。

2017年胡润富豪榜发布的全球各国白手起家女富豪排行榜中，有12个国

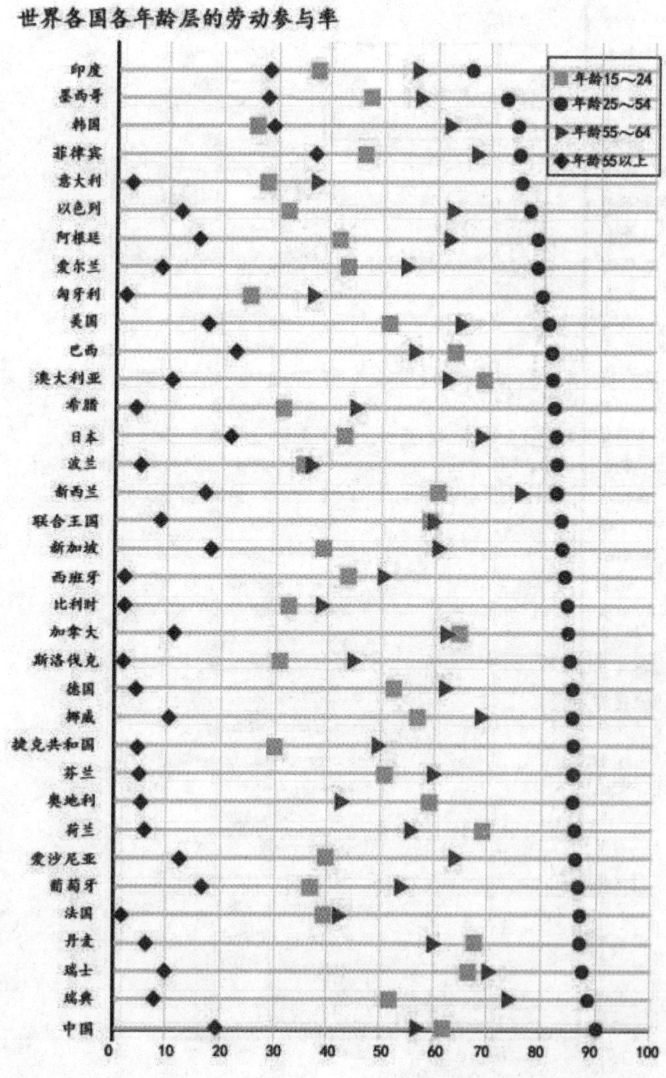

家的88名女富豪上榜。其中，中国女性有56位，占比64%。前十大白手起家女富豪中，有6位都是中国女性，并且前三位都是中国女性。而在全球前十名的白手起家男性富豪中，却一位中国男性都没有。

大数据告诉我们，中国女性比世界上任何一个国家的女性都要勤奋、独立，甚至比男性还要有上进心，我们应该引以为傲。

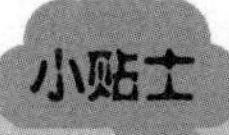

胡润富豪榜的数据争议

胡润以及他的百富榜从诞生起，就存在着较多争议。其榜单的真实性、数据真实和权威性都遭到众多质疑。早期胡润的资料来源大多就是公开资料和实地调查，而统计方式也没有一个统一的标准，其最终数据更是被多位富豪矢口否认。胡润也曾明确表示，没有最统一的标准，最容易的方式就是统计一些重要公司老总股票的市值，但是其他的一些资产情况则无法计算入内。而这种类推方式在专业的股票分析师眼中，并不严谨和准确。在富豪榜扩大后，这种数据方面的问题则更加明显，很多靠后的排名几乎看不出什么区别。

第二类：

政务与大数据

我坚信大数据能有效帮助公共部门优化决策，并已经在帮助政府实现“善治”目标。

——［英］维克托·迈尔·舍恩伯格

（《大数据时代》）

1. 检察机关快速办案

某检察院——

——案件管理室。检察官小李从案件流程监控系统中发现，一起盗窃案件今天到期，小李马上发出流程监控通知书提醒承办人。

——大数据中心。刑事执行检察科蔡科长用驻所检察信息管理分析系统，查看今天区看守所关押人员罪名、时间、程序等情况的实时数据，并为接下来的远程视频开庭做准备。

——远程视频开庭室。检察官张伟、曾丹把需要举证的材料放到示证台上，进行这起盗窃案件开庭的准备工作。

——侦查活动监督平台。侦查监督部检察官昊亮发现，该案件侦查过程可能存在违法行为，他对照25类、111项监督事项进行梳理，及时发现了扣押物品清单见证人未签字的轻微违法行为，并向公安机关制发侦查活动监督通知书。

——网上案件评查系统评查案件。检察官娜娜成为系统随机分配到该案件的评查员，娜娜点开左面的电子卷宗区，看到该案所有材料，通过逐项填写评查表，发现缺少庭审笔录，扣除2分，并通知相关人员，补齐手续，结案。

点评

怎么样？这样的办案过程是不是跟你想象中的不一样？为了让办案更加

高效，管理更加精准。我们的“包青天”正通过建立大数据司法办案辅助系统、案件智能研判系统、大数据分析服务系统，形成一整套智能化辅助体系。比如，贵阳市某区检察院，运用远程视频使检察院、法院、看守所互联互通，实时画面可随庭审进程自动切换，画面、声音清晰，一般的简易程序如盗窃案件开庭大约只需40分钟。利用大数据司法办案辅助系统采集案件的证据要素，提取出案件的要素、赔偿等，为量刑建议等做准备。近年来，检察机关铆足了劲儿借助大数据、人工智能，开启了“智慧检务”的新模式。

《检察大数据行动指南（2017-2020年）》

2017年6月，最高人民检察院印发了《检察大数据行动指南（2017-2020年）》。“十三五”期间，检察机关将继续稳步推进，拿出最强阵容来部署大数据工作。检察机关正适应大数据时代的思维模式，加快推进检察管理模式的转型升级，突破信息孤岛困境，实现全国检察机关跨部门、跨层级、跨业务、跨行业的多维度数据共享平台，变被动监督为日常化的主动监督，充分发挥法律监督者的职能，让大数据所蕴含的巨大能量转化为检察机关发展的前进动力，让科技真正服务于检察，助力于检察。

2. 洛杉矶警局犯罪预测系统

洛杉矶福德希尔警局内，警方正在进行一次非凡而又有趣的实验，他们想在嫌疑人犯罪之前进行准确预测。而这次预测犯罪的尝试，诞生于洛杉矶警局与加州大学的一次非凡的合作。加州大学人类学教授杰夫·布兰汉姆和同事——数学家乔治·莫勒尝试从洛杉矶警局1300万条庞大的犯罪记录中找出犯罪规律，从而预测出未来可能发生犯罪的时间和地点。“你也许对哪里发生犯罪有直觉，但说到底你还是得考虑运用数学模型，因为数学能让你通过数据，明白事件的起因和演变过程，这也是直觉无法做到的。”杰夫和乔治将美国西海岸地震学家针对预测余震而研究出的数据模型算法修改成了预测犯罪的模型，而这套模型的基础是洛杉矶警局数据库中已有的犯罪记录。

这套模型真的可以预测未来吗？洛城警局决定和洛杉矶实时犯罪监控中心合作进行测试。洛城警局警官史蒂夫·努涅斯和搭档丹尼·弗雷泽参与到了这一开创性的实验中。史蒂夫说：“我其实并不是很高兴，作为一名警察，我们所有的训练，就是为了干这一行，但却让一部计算机告诉我们去哪

里执勤，要开往哪片地区。”“收到，我们会处理。”模型预测到他们的辖区内会发生盗车案件，当他们到达高危点时，发现了一辆套牌车，经查，这是辆被盗车。

随后，该模型持续不断更新，并加入新的犯罪数据，以求达到更加精准的预测效果。“起初，我们不是很看好它，但随后，渐渐注意到，某些地方的犯罪率的确下降了，只因为我们在那里巡逻了10或20分钟，甚至只是5分钟，这真是太神奇了。”丹尼警官说。

接下来，预警系统将在整个洛杉矶市启用，并在美国超过150个城市进行测试。

点评

故事中，洛杉矶警局与加州大学洛杉矶分校合作，采集分析了80年来1300万起犯罪案件，用于进行犯罪行为的大型研究，通过算法预测成功，将相关区域的犯罪率降低了36个百分点。而通过历史犯罪数据预测犯罪活动，仅是数据挖掘如何改变世界的一个例子。

可见，算法不仅仅可以帮助运营人从用户数据挖掘中获得灵感，同样，如果不是简单地分析以往的犯罪规律，而是采用预测式警务的做法，分析人员就可以利用之前犯罪行为所表现出来的规律，全神贯注地分析下一个可能发生犯罪行为的地点并重点干预。众所周知，在某个具体区域内，犯罪地点并不是随机分布的，而是集中于某些小范围的“热点地区”。所以通过在大数据支持下的算法预测可以在一定程度上有效地遏制一些犯罪行为的发生。换言之，在大数据预测的支持下，我们的行为具有可预测性。

预测犯罪软件

预测犯罪软件是由美国宾夕法尼亚大学的理查德·伯克教授编写完成的一款软件。目前巴尔的摩和费城两座城市的警局已经开始使用该预测犯罪软件。通过输入假想嫌疑人的详细资料，软件经过一系列复杂的运算后就能得出该人未来的犯罪率。虽然这套软件存在很多有益之处，但有民权人士称，该软件推导出来的结论都是预测性的、没有发生的，甚至连“证据”都算不上，这样得出来的结论难道不会冤枉好人吗？在电影《少数派报告》中，汤姆·克鲁斯所饰演的正直警官就被“先知”定性为罪犯，导致其后一系列麻烦和灾祸的发生。目前华盛顿特区有关部门也打算启用这套软件，如果在特区被证实确有效果的话，美国司法部门就打算在全国范围内推广。

3. 立体的水务管理

“妈，又没有水，我怎么洗漱啊？”

“你爸昨天不是在塑料桶里接水了吗？”

“这点水也不够我洗头发呀！”

一大早，小可正在与母亲因为没水的问题拌嘴。

小可家住呼和浩特市某小区的15楼。对于早上水压不足的问题，小可已经吐槽了好久，在她家的卫生间地上放着一个塑料大桶，是专门用来储存水的，每天水压上来的时候接水，以备第二天早上的不时之需。

这天早上，小可起床准备洗漱，打开塑料桶发现没水，火气一下子上来了，她喊道："爸，昨天怎么没接水啊？""这几天早上都有水，你刚从学校回来，还没来得及和你说。"父亲一边做饭一边说道。小可半信半疑地打开水龙头，看着哗哗的水流，兴奋地问："水压怎么上来了呢？水流还这么稳定！"父亲回答："我听自来水公司的朋友说，这是智慧水务系统的功劳，能针对不同小区进行科学的水压分配，减少高层建筑水压不够情况的发生。"听完，小可高兴地说："终于不用再担心早上洗漱的水不够用了！"

点评

内蒙古呼和浩特市地处北方干旱半干旱地区，水资源贫乏。随着经济的发展，外来人口的涌入使城市人口总量不断攀升，导致呼和浩特水资源匮乏进一步加剧。近几年，呼和浩特市加快了"智慧城市"的发展进程，其中，"智慧水务"的建设就是将有限的资源合理充分运用起来，专门用以解决水资源短缺的问题。呼和浩特"智慧水务"借助了云计算、物联网、大数据、

移动应用、社交应用等前沿科技，与终端设备互通互联，形成一体化、可扩展的水务数据管理解决方案，系统性地解决了城市蓄水、供水、用水、排水、节水、污水、防洪、排涝等环节的业务需求，并实现了水资源的高效利用，使更轻松地管控城市水务成为可能。引入isWater智慧水务平台后，呼和浩特自来水公司通过云部署方式，在水源地、管网核心监测点、重点用户区域等部署传感器、计量设备、监测设备等终端，将数据通过互联网传输到云端进行智能处理，用户通过PC、手机、平板电脑等可实时全面掌握水务管理信息，并能远程监控终端设备，有效保障了城市供水安全、供水水质和高效运营。

小贴士

建设智慧城市的四大法宝

1.物联化。通过传感技术实现对城市管理各方面的监测和全面感知。

2.互联化。宽带泛在网络作为指挥城市的“神经网络”，极大地增强了智慧城市作为自适应系统的信息获取、实时反馈、随时随地提供智能服务的能力。

3.智能化。基于云计算，通过智能融合技术的应用实现对海量数据的存储、计算与分析，可大大提升决策水平，增强行动力。

4.以人为本的可持续创新。面向知识的下一代创新重塑了现代科技以人为本的内涵，也重新定义了创新中用户的角色、应用的价值、协同的内涵和大众的力量。

4. 马德里的8分钟黄金救援

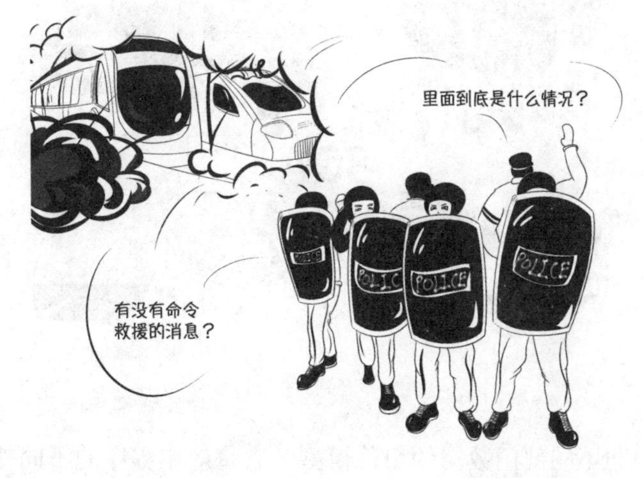

2004年3月11日，西班牙马德里市的3个火车站以及附近地区连续发生10余起爆炸，从11日15点8分起，每分每秒都不断有无辜的生命在这起恐怖袭击事件中丧生。最终，这次系列爆炸共造成200人死亡，另有1800多人受伤，这是西班牙，也是欧洲国家有史以来遭受的伤亡最多的一次恐怖袭击。这次恐怖袭击发生后，许多市民质疑，马德里这座经济发达、管理完善的城市为何面对恐怖袭击如此脆弱？在11日恐怖袭击事件爆发后，为什么还会在12日不断出现伤亡？在伤痛之余，马德里警察局确实应该好好反思这次恐怖袭击留下的深刻教训。马德里警察局之后坦承，当时没有用于协调的通信系统是造成这种结果的主要原因之一。因为当时他们并不知道警察局和其他机构是否有足够的资源可供调配，对于应对恐怖袭击资源的管理缺乏一个同步沟通的平台，警察局也无法在第一时间将预警信息和救援需求共享给其他部门，从而间接导致了这场恐怖袭击不断恶化。在2004年遇袭之后，马德里警察局借助SOA实现转型，成了全球最具创新性的应急呼叫中心。

点评

大数据应用的一个重要特征便是数据采集和处理的快速实时与开放共享。来自事件现场的第一手数据借助危机指挥中心和信息联动系统，可以迅速同步给涉及救援需求的所有部门。

SOA就是这样一个沟通不同部门数据的组件模型，它将应用程序的不同功能单元（可理解为不同部门）按照一定规则联系起来，使不同部门的数据和信息以一种统一和通用的方式进行交互、共享和分配。建立起该系统后，马德里警方便可在8分钟内到达全市81%的地方，而8分钟则是衡量救援的黄金时间标准。通过SOA，可以将当地警察局、消防队员以及医疗服务机构和救护车等视为一个集中的部门，工作人员可以实时应对突发情况，可以通过新系统实时了解市内不同地方正在发生的事件。一旦有人拨打电话报告意外事件，救援行动就会迅速而有效地开始。

在火灾发生的第1分钟，也许只要1杯水就可以扑灭；如果过去了5分钟，可能就需要1桶水；10分钟过后，也许需要4000桶甚至5000桶水。在大数据的支持下，政府组织协调各部门、各行业、各救援机构、各民间组织和广大民众，动用一切需要的资源，以最快的速度组织应急疏散、紧急救援和危机控制，可以大大地减少危机所造成的损失。

SOA

SOA的英文直译是面向服务的体系结构，或者说是以服务为核心的体系结构。它是一种设计方法，其中包含多个服务，而服务之间通过配合最终会提供一系列功能。SOA只是描述了软件成型后的样子，就像面向对象编写的程序，都是由一个一个类组成的。而SOA作为一款面向服务的软件，可以理解为是由一个一个服务组装成的，它是一种问题解决方法或者解决框架。举例来说，假如你是一个销售集团，有1000家经销商、50个分公司、400个办事处，它们都需要软件办公。但是你不可能提供一个最全的系统开放给他们使用。因为很多分公司、经销商、办事处都有定制功能。那么你应该开发多少套、多少种系统呢？难道每种系统都要从头开始写代码吗？这时用SOA就很方便了。

5. eID（电子身份标识）

丁零零……

“不好意思，目前不需要。再见。”

丁零零……

“装修公司？不不不，我没房子。谢谢，再见！”

看着阿伟在办公桌前捶胸顿足，对桌的小高忍不住取笑道：“阿伟哥，你这一大早接了多少个电话了，果真是个大忙人啊。这个月咱们的业绩要冲高了吧？”

“忙什么忙，5个电话，3个推销的，1个取快递的，还有1个是骗子！没有一个是联系业务的。”

“哈哈，不过现在个人信息泄露真的是个大问题，咱们的姓名、电话都不知道被卖了几手了。”

“是啊，现在网络环境这么复杂，我们在网上买东西填写自己的个人信息，用手机支付绑定自己的银行卡，个人信息和财产安全都无法保障！”

“你别急，告诉你个好消息。新闻里说，公安部终于放‘大招’了。eID已经应用于银行卡了，下一步还要装在我们的手机上。”

“小高，什么意思？eID？那是什么？”

“eID就是电子身份标识的简称，简单来说，就是公民在网络上的一个身份标识。它既不是明文的身份信息，也不是像身份证那样的证件。”

“我怎么越听越懵了，那怎么证明自己身份？”

“举例来说，公安部把我们的数字身份加载在每个人的手机SIM卡或者银行卡上，网站后台可以在线辨别eID的真伪和有效性，不用再保存用户的身份信息！也就是说，以后我们不需要在网上提交自己的姓名、住址、电话、身份证号码等个人信息，就能方便地进行网上交易。”

“居然还有这种操作？等到eID全面普及了，妈妈就再也不用担心我的信息会泄露了。”

点评

2017年10月10日，美国信贷报告机构Equifax表示，其公司网站遭遇黑客攻击，近70万名英国客户的个人资料可能遭泄露。2012年央视3·15晚会曝光罗维邓白氏公司通过各种渠道搜集掌握了超过2亿公民的身份、交易活动地域、时间、资产情况等个人隐私信息。据不完全统计，我国2016年通过不同渠道泄露的个人信息达65亿条次，也就是说，平均每个人的个人信息被至少泄露了5次。以微信朋友圈为例，投票泛滥成灾。同学、朋友动不动发过来一个链接，给身边各种亲朋好友拉票。投票时的验证信息填写都有可能泄露自己的信息。更危险的是，父母把孩子的身份、姓名、学校甚至照片，都提供给了后台——后台将这些个人信息非法出售，不法分子拿到后编造一些重病、车祸等谎言，对父母进行诈骗，等等。

大数据时代，个人信息泄露成了世界难题，更成为了不法分子的生财之道。我国是个人口大国，公民的个人信息安全保障更是困难重重。“十二五”期间，网络空间的身份管理，也就是eID这项工作得到了科技部、国家发改委等有关部委的大力支持，公安部第三研究所投入建设的eID系统通过了国家密码管理局的系统安全性审查及权威技术鉴定，并被公安部和国家密码管理局正式命名为“公安

部公民网络身份识别系统”。所有eID的签发均由该系统提交到全国人口库进行严格的身份审核，确保eID的真实性、有效性，并且每个公民只能有一个与其真实身份对应的eID。

相信在不久的将来，eID能够有效帮助我们整个网络信任体系的建设，还网络世界一片安宁，不法之徒的好日子也终将到头。eID也将会扩展到更多、更广阔的身份识别领域，让我们拭目以待。

小贴士

eID

eID的英文全名是Electronic Identity，是以密码技术为基础，以智能安全芯片为载体，由“公安部公民网络身份识别系统”签发给公民的网络电子身份标识，能够在不泄露身份信息的前提下在线远程识别身份。根据载体类型的不同，eID目前主要有通用eID与SIMeID两种，其中通用eID常加载于银行金融IC卡、社保卡、USBkey等，SIMeID主要加载于SIM卡。目前，电子身份标识技术已经开始应用于银行卡（中国工商银行已在全国试点发行加载eID的金融IC卡）。公安部第三研究所的工作人员表示，eID载入银行卡、手机卡只是一个开始，未来，包括不动产权自助查询、食药检查等方面，eID都将大显身手。

6. 数据面前人人平等

小醇是一名财经专业的大四学生，其毕业论文题目为《香港地区保险业务的研究》。在查找文献资料的阶段，小醇遇到了一些困难，资料少而杂，

找不到按年份进行划分的保险业务统计数据，这让小醇很是头痛。小野听说后告诉她，自己之前做香港地区的相关研究时，文献大多是在“资料一线通”上找到的，这个网站是香港公共数据开放网站，专门免费向公众提供数据资料。小醇登陆了“资料一线通”（https://data.gov.hk/sc/）网站，看到网站涵盖了气象、工商业、发展、教育、环境、财经、食物、卫生等18项行业数据资料，在点击财经标签后，小醇发现了自己苦苦寻找的保险业务统计资料——从2001年到2016年的全部相关数据。下载保存后，看着丰富而翔实的资料，小醇可算是吃了一颗定心丸。

点评

有了大数据，数据开放就显得尤为重要。正如“互联网之父”蒂姆·伯纳斯·李所言：“政府采集数据是花纳税人的钱，束之高阁完全是浪费。”

政府是最大的数据生产者，占有人口、交通、卫生、社保、税收、城市规划等方方面面的数据。这些数据如果被埋藏在档案馆的文件中，永远只能是一堆数据而已。如果放在开放平台上，就能被深度挖掘，变成有用的信息。数据公开是数据驱动和数据治理的最基本要求，会吸引大量高科技人才和企业，使社会运行更加高效。那么数据是如何开放的呢？说到数据开放，如果你想到的还是一份夹杂着统

计数字的、照本宣科的报告，或者一张枯燥无味的数据报表，那么你的思维方式还停留在小数据时代。在大数据时代，数据开放的形式可能是一张动态的、实时更新的信息图，可能是一个可以安装在手机上的应用程序，也可能是一个提供数据集下载的专门网站。原始数据指的是没有经过加工和解读、能够被计算机读取调用、可供再次分析的数据。而在目前，中国政府公布的数据基本都是报告和报表，没有标准的格式，不能以数据的形式查到，因此也无法进行深入的分析、加工和挖掘。数据开放的第一步是提供尽可能多的原始数据，只要不涉及隐私和国家安全的相关数据应全部开放、开源，允许公众免费查询、下载，使个人和企业以最大自由度重新处理数据。

结合中国的情况，开放政府信息资源可以先易后难，从气象、地震、交通、公安、社保、医疗卫生、教育等公共数据资源的开放入手，再重点推进至投资、生产、消费、统计、审计等经济领域，使公共数据与民间和企业界拥有的数据资源相互融合，形成巨大的知识创新力、财富创造能力和社会进步推动力。

政府只是公开数据还不够，还需要通过各种方法鼓励公众重新处理政府数据。因此，数据公开的第二步是提供应用程序开放接口，方便企业和个人对信息资源进一步深入开发利用，创造更大的社会价值。

小贴士

数据开放的标准和原则

关于数据开放的标准和原则，“Web2.0之父”蒂姆·奥莱利（Tim O'Reilly）制定的开放公共数据的8条规定可以作为参考。

1.数据必须是完整的；2.数据必须是原始的；3.数据必须是及时的；4.数据必须是可读取的；5.数据必须是机器可处理的；6.数据的获取必须是无歧视的；7.数据格式必须是通用的；8.数据必须是不需要许可证的。

第三类：

教育与大数据

理论上，一门课程将来在世界上只需要一个老师，一等于无限。地球上的每个人都享有平等的受教育的权利，那将是矗立了4500年的金字塔，能够目睹的这个星球上最动人的一幕，每一个人都可以站在大地上，分享这个世界，并触摸天。

——中央电视台纪录片《互联网时代》第4集

1. 高考志愿填报小助手

小丽是内蒙古2017届高三文科毕业生，如今已经坐在大学的校园里开始了大学生活。想起2017年报考志愿，她至今还庆幸自己早早让大数据介入，使用了高考志愿填报神器。

小丽的高考分数是500分，按照内蒙古的第一批本科录取分数，文科分数线是472分，小丽超出28分。

2017年国家本科专业12大类、86个小类、512个专业，这么多专业该如何选择呢？一开始小丽同学就选择使用了一款“高考志愿填报小助手”的App，充分利用大数据分析完成了自己的志愿申报和专业选择。小丽就是这样最后选择了自己喜欢的文学专业，成了一名汉语言文学专业的本科生。

点评

“三分成绩，七分志愿”是人们对填报高考志愿重要性的形象性说法。无论考在哪个分数段，都面临着同样的问题。填报志愿和专业选择是一项专业性非常强的工作。在中国，每年有近千万的考生，高考志愿很难单凭分数做出选择。专业选择不当，会直接影响学生在大学阶段的学习状态，轻者产生厌学情绪，重者甚至会退学，影响终身发展。

“高考志愿填报小助手”是一个填报志愿的神器。只要你输入生源所在地、高考分数、高考预估排名、兴趣等信息即可获得相应的学校和专业推荐。

关于填报志愿小助手一类的数据分析，基本都是基于教育大数据、神经网络算法等技术制作的电脑预测产品。同时还需要个人兴趣类型、生涯发展理论、社会学习理论、社会学习等测评维度，以帮助考生了解自己的潜能，合理选择专业。

小贴士

神经网络算法

在思维学中，人类大脑的思维分为逻辑思维、直观思维和灵感思维三种基本方式。而神经网络算法就是利用其算法特点来模拟人脑思维的第二种方式，它是一个非线性动力学系统，其特点就是信息分布式存储和并行协同处理，虽然单个神经元的结构极其简单，功能有限，但如果是大量的神经元，构成的网络系统所能实现的行为却是丰富多彩的。这种思维方式的根本点是：第一，信息是通过神经元上的兴奋模式分布储存在网络上；第二，信息处理是通过神经元之间同时相互作用的动态过程来完成的。其实简单点讲就是利用该算法来模拟人类大脑来进行推理和验证。

2. 快看别人家的新生报到

来自湖南的毛毛是2017年北京师范大学2626名本科新生中的一员，这是他第一次来北京，兴奋不已的他来到学校报到，却看到了意想不到的场面：本应该熙熙攘攘争着报到注册的新生们却都围在一个大设备前“刷脸”！看着疑惑不解的毛毛，负责接待新生的学长阿元告诉他：“这个‘刷脸’系统可是今年迎新最热门的环节，新生只要面对设备，露出一个大大的微笑，2秒后，脸部数据对比成功，屏幕就会显示‘恭喜你完成注册报到！’为了让每名同学有一个终生难忘的入学纪念，在‘刷脸’的同时还会自动生成一张照片，带有‘姓名、学号、院系，2017年9月3日北京师范大学新生报到留念’的文字和北师大logo水印，然后通过北师大微信门户直接就能转到同学们自己的微信上，接着就可以转发朋友圈啦。”听完了阿元的介绍，毛毛跃跃欲试地说：“原来是这样，这简直太酷了，我要发朋友圈！学长谢谢您，那我先去排队刷脸啦。”阿元学长大笑道：“好呀，到时候我给你的朋友圈点赞。”

后来，毛毛还通过刷脸系统进入宿舍，即使他操着浓重的湖南口音，但是设备中强大的语音识别系统并没有把他拒之门外。

点评

"刷脸"注册、"刷脸"解锁，开始被频频应用在校园管理中。据相关报道显示，使用"刷脸"注册，识别率高达90%以上。"刷脸"注册解决了每年新生报到时，因为人流过于密集造成的管理难度大等安全隐患问题。"刷脸"解锁宿舍门禁，也是解放了宿管阿姨的"劳动力"，而且如果遇到多人同时进入宿舍，宿舍门里的摄像头，还可进行动态二次识别，一旦发现外人混入，将用红圈标注，并提醒宿舍管理人员。"刷脸"解锁实现了方便进出宿舍和最大限度安全的双重功能，真正让科技解放了人类。

不过以后要是有同学想要逃课可就惨啦，"刷脸"还将被引入课堂签到、会议签到等多个场合。这样可以更全面收集活动数据、课堂数据和人员数据，用大数据管理校园，让大数据挖掘预判未来需求。

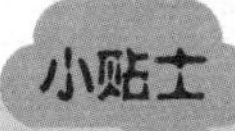

小贴士　人脸识别技术

"刷脸"其实就是人脸识别技术，它是建立在大数据上的一种复杂的图形处理功能。目前这项技术也被应用在了我们的衣食住行上。例如，2017年8月21日，武汉火车站就正式宣布实现“刷脸”进站。8月23日，百度与首都国际机场签署战略合作协议，双方将共同打造智慧机场，实行“刷脸”登机。2017年9月1日，肯德基KPRO（绿色专业）餐厅上线刷脸支付功能。在自助点餐机上选好餐，进入支付页面选择“支付宝刷脸付”，然后花1～2秒进行人脸识别，确认后即可支付。近日，农业银行、招商银行都已实现ATM机“刷脸”取款，不需要带身份证和银行卡，钱就能自己“吐”出来。

3. 中科大的贫困生补助

2017年7月12日，大学毕业近10年的网友Shannon在知乎里讲了一个关于自己的故事：

“刚上大学的时候，由于家庭条件不好，我特别节省，每天在食堂吃饭不超过6元钱，早餐两根油条、一杯豆浆，1.2元。午餐、晚餐的话，我们学校的食堂是可以打半份菜的，所以每次就4毛钱的米饭加3个半份菜，2块钱左右。晚上上完自习回来如果饿的话，最多再加个茶叶蛋。

“就这样，每个月校园一卡通的消费不超过180元。其实我并不觉得有多苦，因为本来之前在家乡的时候，也吃不到什么菜，翻来覆去就是土豆、

咸菜之类的，偶尔吃肉。到大学之后至少每顿还3个菜呢，自己觉得还挺不错的，那个时候也总是不理解为什么周围的同学那么痛恨食堂……

“然后，就这样过了一阵子，突然有一天，我收到了来自校园一卡通管理中心发来的邮件，写着让我去领取生活补助，一共360元。我一下子就蒙了，这是什么情况？我从未跟人说起我的家庭情况，尽管学费是父母贷款，但在大学里我从没跟任何人说过我的家庭情况不好啊，为什么要给我生活补助。

“作为一个诚实的人，我跑到一卡通管理中心找到工作人员询问：‘为什么要给我发放生活补助？是不是发错了？’

“工作人员一脸无语地说：‘不可能发错的。’

“‘我从没申请过，你们肯定是弄错了！’我是一个有节操的人，我据理力争。

“然后工作人员的一句话让我热泪盈眶：‘学校会监测每个学生的一卡通在食堂的消费情况，如果每个月的消费低于200元，就会自动给你打生活补助。’”

点评

这是一个温暖与充满正能量的故事。

据相关资料显示，2004年，中科大在全国高校中首创的这种学名叫作“隐形资助”的办法，目的是可以让贫困生更加有尊严地接受资助。当然这种算法在最初的时候是存在漏洞的，比如有的女生因节食瘦身消费较低，也有两个人合作一个人用卡打饭一个人用卡买菜，还有少数当地学生经常回家用餐，或者部分同学在校外吃饭等等。这些都会在一定程度上造成一卡通数据库自动生成的数据与真实情况不符。对此，中科大从2005年起改进数据统计方法，利用网络对新生心理和家庭状况进行了详细调查，综合各院系平时

掌握的学生生活情况，建立了每学期更新的贫困生数据库。通过细致的情况统计和优化的大数据分析，筛除不能反映真实情况的“坏数据”，为真正的贫困学生提供资助。

据资料显示，从2004年到现在，中科大已“隐性资助”贫困生4万人次，累计资助金额达600万元。近年来，全国多所高校到中科大“取经”，这种“低调而温馨”的做法已经在越来越多的大学校园中施行。

小贴士

大数据预测

大数据预测是大数据最核心的应用，大数据预测将传统意义预测拓展到“现测”。它通常被视为人工智能的一部分，或者更确切地说，被视为一种机器学习。但是这种定义是有误导性的，大数据不是要让机器像人一样思考，相反，它是把数学算法运用到海量信息的处理上，来预测事情发生的可能性。大数据预测的优势体现在它把一个非常困难的预测问题，转化为一个相对简单的描述问题，而这是传统小数据集根本无法企及的。从预测的角度看，大数据预测所得出的结果不仅仅是简单、客观的结论，更能用于帮助企业及相关单位进行决策，收集起来的资料还可以被规划，引导开发更大的消费和帮扶力量。

4. 把书包放进屏幕里

小张作为一名英语教师，深切感受到了信息化教学所带来的改变。以往，因为课堂教学的时间有限，她对学生课堂练习的考查无法做到面面俱到，而现在学生们通过手中的平板电脑进行课堂练习，在完成解答后，每一位同学的练习结果都会反馈到她手中的平板电脑上，她可以清楚地了解每道题的正确率以及学生对知识点掌握的不同程度，直接选出典型或错误率高的题来进行讲解，提高了教学效率。作为一名英语教师，小张深知英语教学离不开“听”和“读”，过去布置家庭作业时，她最担心“听读”类作业的完成情况。尤其一到放假，学生更是懈怠，小张又无法督促学生，很是头痛。自从有了电子书包，小张每天都会在后台推送音频听读资料，学生们的完成情况一目了然，如果看到哪个学生听读作业完成的不及时，她还会“点名督促”。此外，电子书包还能够将学生的错题自动归档形成学生自己的错题集，让学生复习更有针对性，有效降低错误率。这种教学形式使学生的成绩提高了不少，小张很是欣慰。

点评

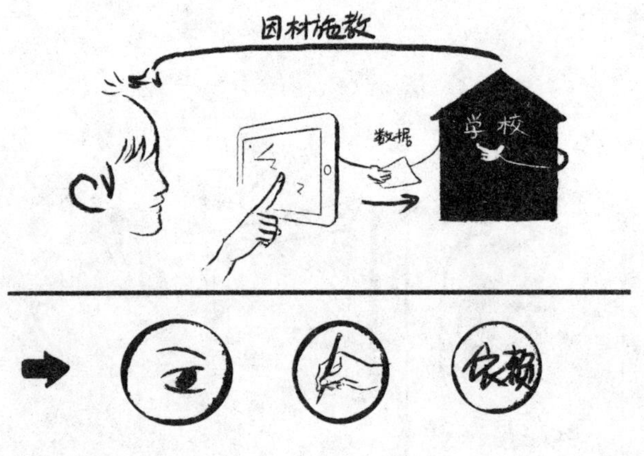

电子书包并不是简单地将书本装进电脑，它的目标是为学生打造个性化的学习方案，实现真正意义上的“因材施教”。学生使用电子书包进行学习，就会在平台上留下学习行为记录。大数据采集工具和后台会将学生的学习行为记录搜集起来，形成电子学档，学校和教师就可以通过数据来进行评估分析，从而及时调整教学方法和策略，为学生打造专属的学习方案，实现一对一教学。电子书包作为一种新型的教育产品，无论是对学生、教师还是教育改革，都有着诸多好处，但是对于电子书包的使用，很多家长心存顾虑，比如担心孩子的视力下降、书写能力被弱化、对电子产品产生依赖等诸多问题。目前，电子书包的优势似乎还不能够抵消家长对它的疑虑，电子书包的普及在中国还需很长一段路要走。

小贴士

电子书包

电子书包是一个以学生为主体，具有信息处理能力和无线通信功能的个人便携式移动终端。它主要包括电子教材系统、数字资源系统、作业与考试系统、互动交流系统和电子学档系统，贯穿于学生学习中的每一个环节。电子书包能够促使学生利用

信息化的工具，对学习产生兴趣，从而自主学习、个性化学习，实现师生之间的信息交互，改变传统枯燥的学习方式。

5. 我们都是“夜猫子”

“妈，你说我习惯晚睡，万一摊上一个睡得早的舍友，大家会不会起争执啊？”

“妈，要是新舍友不爱搞卫生，东西随便丢，那怎么办啊？”

眉毛、眼睛都皱在一块儿的宁宁，从一大早就开始郁闷。本来，今天是她作为大一新生到南京大学工科试验班报到的日子，应该是充满喜悦的，可是宁宁从小到大都没住过校，平日里也是娇生惯养，可学校要求必须要住校，这可让全家犯了难，生怕她跟舍友起争执。就连送宁宁到学校的路上，宁宁妈都在千叮咛万嘱咐：“在学校一定要团结同学，不要耍小孩子脾气，有事情要及时给家里打电话！”

可令宁宁妈万万没想到的是，本以为会接到一个控诉电话，结果听到的却是宁宁已经和舍友们打成一片，在大学里乐不思蜀的消息。

“我们宿舍4个姑娘都来自不同的省市，除了我是本市人，宿舍里其他3个同学分别来自浙江、北京和山东。她们跟我都太合拍了，睡的时间都不早，作息都有点‘夜猫子’。每天晚上差不多都在11点半入睡，早晨起床的时间也差不太多，6点半起床，然后大家一起去早读！”

宁宁妈还是不放心，追问道：“那你舍友爱不爱干净啊，宿舍卫生怎么样啊？”

“我们同样也喜欢干净，甚至生活都有点洁癖，喜欢用自己的东西，洗澡和洗衣服都勤快得不行。”

“没想到你们宿舍安排得这么妥当，很合你心意啊。这我们就放心了。”

“不仅是我们宿舍，我们这届新生的学号顺序和宿舍安排，差不多都是按照我们每一个人的生活习惯、卫生特点、学习特点等‘个人元素’来‘合并同类项’的，生活习惯和学习习惯相似的同学更容易‘连号’，被排在一起。这些啊，都是通过大数据整理得出来的结果。”

点评

南大为什么要在今年首推“宿舍匹配系统”呢？据相关研究表明，大学生宿舍矛盾主要是由生活习惯差异造成的。宿舍问题的处理，属于私人空间的层面。小小的宿舍是大学生最直接参与的人际交往的舞台，在这个舞台上的表现衡量着大学生人际交往、心理健康和为人处世的能力。2017年，中国青年网就大学生宿舍关系话题，对全国958名大学生进行调查，结果显示：42.28%的学生与舍友曾经发生矛盾；与舍友发生矛盾时，47.81%的学生会选择“积极沟通”；28.29%的受访学生表示“有换宿舍舍友的想法”；“生活习惯不同”“不注意说话方式”“性格爱好不同”成为舍友之间矛盾的主要起因。南京大学用数据规划学生宿舍安排，让学生拥有一定的自主选择权，以帮助南大学生维持和谐的宿舍关系，实现更好的成长。

住宿匹配系统

2017年，南京大学在新生中首度试点使用住宿匹配系统，这是基于学校对新生的个人习惯“摸底”。学校向新生发放“南京大学2017级本科新生生活习惯普查”调查表，上面列有“夜晚休息时间”“早晨起床时间”“平均换洗衣频率”“您对宿舍共同消费的态度”等多个调查项。新生需要按照自己的个人情况填写。同时学工处还在调查问卷的最后保证，不会透漏新生的个人信息。没有接受调查的新生，依然遵循随机分配的原则。学校通过住宿匹配系统的调查，搜集了800名新生的作息时间、卫生习惯、学习特点、社交偏好，以及其他一些私人问题，收集完学生的个人信息后，通过大数据整理对学生的信息做分析，来帮助评估新生的相似度。

6. 让名校不再是梦想

张薇使用“慕课”已经有一段时间了，她选过的课程范围很广，包括品牌营销、语言学、心理学等。她表示自从大学毕了业，学习动力就大大减少，如果不能保持旺盛的好奇心和学习能力，就会慢慢陷入工作和生活琐事之中。尽管自己在慕课上学习的课程对工作没有什么实际作用，但学习一些感兴趣的内容也算是给自己充充电，能让自己时刻保持一种积极向上的心态。张薇平时很喜欢看电影，却从来没有深入了解过关于电影欣赏的相关知识，当她看到中国海洋大学电影鉴赏课程的开课通知时，便报名参加了。

慕课不同于其他网络公开课，想要拿到结业证书是需要花费一些心血的，例如，电影鉴赏课程需要完成单元测验、课程讨论和期末考试，最终总课程成绩超过60分，才可获得结业证书，超过85分，可以获得优秀证书。认证证书的收费标准为100元/份。张薇说自己现在更喜欢付费证书，原因很简单，就是要对得起花掉的钱。毕竟，免费的课程想要完成得很好，就需要有很强的自控力，而想要摆脱拖延症和懒惰，那就选择付费。

点评

对于传统课堂来说，每节课最多有几百个学生，由于规模的限制，也造成了教育资源的不均衡性，导致大家都想上名校，“学区房”现象也就自然而然地出现了。而随着一种被称为慕课的在线教育学习方式的出现，越来越多的人看到了“未来教育”的曙光，慕课风暴也随之风靡全球。目前，哈佛大学、麻省理工学院、斯坦福大学等国际知名高校都开通了免费的慕课平台。按理说，像哈佛大学、斯坦福学院这样的名校，即使收费，也会有很多

人愿意学习。其实这些高校醉翁之意不在酒，他们更看重的是慕课背后的大数据应用。收集、分析数据，开展大数据应用才是隐藏在慕课平台背后的秘密。与传统教学不同，慕课通过记录点击率，就可以研究学习者的学习轨迹，发现不同的人对不同知识点的不同反应，例如用了多少时间，哪些知识点需要重复或强调，哪种陈述方式或学习工具最有效等。通过向全世界开放，让更多的学习者在线上学习、使用，就可以收集更多的数据，从而使这些名校通过研究世界各国学习者的行为模式，打造更好的在线平台。

大数据时代的到来为所有人提供了接受平等教育的机会，让我们在一堂课中可以与数万人交流，这是教育资源的巨量聚集。随之而来的是“大学校园”将由特指的“哈佛”或“伯克利”，搬到“云”中而映射到任何地方。而各级各类随处可见的大学甚至会成为比大城市超市还便利的、能满足学习者个性化需求的学习场。在大数据不断发展的背景下，我国的学习和教育方式也将会发生质的变化。

MOOC

MOOC中文翻译为慕课，“M”代表Massive（大规模），与传统课程只有几十个或几百个学生不同，一门慕课课程动辄上万人，目前最多的高达16万人；第二个字母“O”代表Open（开放），以兴趣为导向，凡是想学习的，都可以进来学，不分国籍，只需一个邮箱，就可注册参与；第三个字母“O”代表Online（在线），学习在网上完成，无须旅行，不受时空限制；第四个字母“C”代表Course，就是课程的意思。慕课的主要特征是大规模、开放课程、优质资源共享等。在慕课模式下，大学的课程、课堂教学、学生学习进程、学生的学习体验、师生互动过程等可以被完整地、系统地在线实现。

7. 谷歌翻译带你走遍全世界

在美国芝加哥工作的小美一直希望父母能够来到芝加哥住上一段时间，散散心，看看她工作、生活的地方。无奈提过很多次，父母都对出国很是抗拒："你工作那么忙也没时间陪我们，外语我们看不懂又听不明白，过去了很麻烦的。"这总是成为他们拒绝去美国的最重要的理由。可是有一天，母亲却突然打电话告诉小美，他们俩准备买票去芝加哥看她，小美兴奋之余还有些好奇：究竟是什么原因让他们突然"想开了"呢？原来父亲是在网上看到了谷歌翻译的广告，得知谷歌翻译软件可以用即时相机进行实时翻译，不用输入文字，甚至连快门都不需要按。他觉得很不可思议就立刻下载了这个软件，当他将镜头对准英文时，果真，中文立马就出现在他的眼前，父亲当即决定要去美国看女儿。得知真相后的小美对谷歌翻译连连称赞，说："多亏了它的即时相机功能，让我们相聚变得更加容易。"

2006年，谷歌开始进行机器翻译领域的研究。这也是谷歌实现“收集全世界的数据资源，并人人都可享受这个资源”这个目标中的一个步骤。谷歌的机器翻译系统使用的是一个更大更繁杂的数据库，这个数据库利用全球互联网收集数据。这套翻译系统为了训练实验室内的计算机，会让其寻找所有可以找到的翻译。例如，从全世界各种各样的语言的公司网站上寻找对译文档，吸收各种速读项目中的书籍翻译等。而这样做的意义在于，如果不考虑翻译质量，谷歌翻译系统中的上万亿的语料库相当于950亿句英语。

谷歌翻译团队并不会去模仿人工翻译的方式，而是更着重于从大数据和统计的方式入手，翻译系统会不断地调整翻译结果的相关性并自我学习如何处理数十亿的文字。通过这种方式，计算机最终能不断优化翻译结果。以大数据方式做翻译的一个好处是，翻译系统会随着数据的积累而不断地改善。而且不得不承认的是，机器翻译有一个人工翻译难以达到的程度——它让更多的人接触到了更多的信息。

目前，尽管我们在用谷歌系统进行翻译时，它的输入源还是比较混乱，但是对比其他的翻译系统，谷歌的翻译质量还是遥遥领先的。同时，上文中提到的“即时相机翻译”就是得益于Google神经机器翻译（Google Neural Machine Translation），Google翻译将不断学习各国语言，翻译准确度也越来越高，这也就使谷歌的翻译系统比其他的翻译系统更加灵活，使得它可以通过数据去判读更多的可能性。

小贴士

Google翻译

Google 翻译是谷歌公司提供的一项免费的翻译服务，可提供 80 种语言之间的即时翻译，支持任意两种语言之间的字词、句子和网页翻译。可分析的人工翻译文档越多，译文的质量就会越高。Google 翻译生成译文时，会在数百万篇文档中查找各种模式，以便决定最佳翻译。Google 翻译通过在经过人工翻译的文档中检测各种模式，进行合理的猜测，然后得出适当的翻译。这种在大量文本中查找各种范例的过程称为“统计机器翻译”。在2012年时，谷歌的数据库已经涵盖了60多种语言，可以接受14种语言的语音输入并对其进行对等翻译。截至2016年，谷歌翻译系统已经支持103种语言的互译。

第四类：

医疗与大数据

医疗行业早就遇到了海量数据和非结构化数据的挑战，而近年来很多国家都在积极推进医疗信息化发展，这使得很多医疗机构都愿意拿出相当部分资金来做大数据分析。

1. 乔布斯的癌症治疗

苹果公司的传奇总裁史蒂夫·乔布斯在与癌症斗争的过程中接纳了不同的治疗方式，成为世界上第一个对自身所有DNA和肿瘤DNA进行排序的人。为此，他支付了高达几十万美元的费用，这是23andme报价的几百倍之多。所以，他得到的不仅是一个只有一系列标记的样本，还得到了包括整个基因密码的数据文档。对于一个普通的癌症患者，医生只能期望他的DNA排列同试验中使用的样本足够相似，但是，史蒂夫·乔布斯的医生们却能够基于乔布斯的特定基因组成，按所需效果用药。如果癌症病变导致药物失效，

医生可以及时更换另一种药，也就是乔布斯所说的“从一片睡莲叶跳到另一片上”。乔布斯曾开玩笑说：“我要么是第一个通过这种方式战胜癌症的人，要么就是最后一个因为这种方式死于癌症的人。”虽然他的愿望都没有实现，但是这种获得所有数据而不仅是样本的方法还是将他的生命延长了好几年，接下来的日子里，他与癌症抗争 8 年之久，几乎创造了胰腺癌历史上的奇迹。但令世人感到遗憾的是，2011年10月5日，苹果公司传奇总裁史蒂夫·乔布斯还是与世长辞了。

点评

实际上大数据在DNA领域的应用早已展开。在2007年，硅谷的新兴科技公司23andme就开始分析人类基因，价格仅为几百美元。后来，由于大数据用于医疗，前景广阔，个人基因排序成为一门新兴产业。在2012年，基因组解码的价格跌破1000美元，这也是行业的平均水平。目前，这种通过DNA排序来解释健康状况的技术还处在发展阶段，23andme公司也是通过将一小部分特定人群的DNA排序作为样本，并标注一些特定的基因缺陷，不过DNA的采集由于样本有限，无法替代全数据模式，23andme公司也只能回答已经标注过的基因问题，能力十分有限。目前，面对来源丰富且日益膨胀的医疗卫生数据，医疗信息化的存储架构已无法满足大数据应用的需要，在处理和查询大数据集时更是力不从心,需要设计新的以数据为中心的计算模型和系统架构，把医疗卫生各个业务系统独立的、分散的、不同品牌或不同级别的存储产品统一到一个或几个大的存储池下，形成逻辑上统一的整体，进而根据数据整合或应用整合的需要将数据迁移到相应的存储空间，从而实现医疗信息化中存储架构的统一规划和部署。

史蒂夫·乔布斯

史蒂夫·乔布斯（Steve Jobs，1955年2月24日至2011年10月5日），出生于美国加利福尼亚州旧金山，美国发明家、企业家、美国苹果公司联合创办人。1976年4月1日，乔布斯签署了一份合同，决定成立一家电脑公司。1977年4月，乔布斯在美国第一次计算机展览会展示了苹果Ⅱ号样机。1997年苹果推出iMac，创新的外壳颜色设计使得产品大卖，并让苹果度过了财政危机。1997年成为《时代周刊》的封面人物。2007年，史蒂夫·乔布斯被《财富》杂志评为了年度最伟大商人。2009年，他被《财富》杂志评选为近10年美国最佳CEO，同年当选时代周刊年度风云人物之一。2011年8月24日，史蒂夫·乔布斯向苹果董事会提交辞职申请。乔布斯被认为是计算机业界与娱乐业界的标志性人物，他经历了苹果公司几十年的起落与兴衰，先后领导和推出了麦金塔计算机（Macintosh）、iMac、iPod、iPhone、iPad等风靡全球的电子产品，深刻地改变了现代通讯、娱乐、生活方式。乔布斯同时也是前Pixar动画公司的董事长及行政总裁。2011年10月5日，史蒂夫·乔布斯因患胰腺癌病逝，享年56岁。

2. 隔空喊话来看病

家住贵阳市兴关路的冯大爷因为感冒老是咳嗽，儿子劝他去医院看看，他嫌在医院挂号排队太麻烦，就一直拖着没有去。这天，冯大爷到纪念塔的舒普玛药店买药，工作人员告诉他可以网上问诊，冯大爷十分好奇，便决定试一试。冯大爷戴着耳机坐在电脑前，在工作人员的帮助下，在贵阳互联网

医院的网站上挂了号，网站即时显示前面排号的人数，很快就排到了冯大爷。

“请问您是哪里不舒服？”

“医生，我感冒以后就一直咳嗽，吃了好多药也没效果。”

“您对准摄像头伸一下舌头我看看……您这个情况有可能是呼吸道炎症引起的。”

医生在耐心地询问后，根据冯大爷的病症在线开了药方，通过电脑旁的打印机，药店工作人员拿到了药方，在开药时还告诉冯大爷，如果病情没有缓解，还可以在网站或者“贵健康”App上预约挂号，去医院看病就方便很多。冯大爷感慨道：“以后再有个头疼脑热的小毛病也不用瞎折腾了，这互联网医院是真不错。”

点评

近年来，大数据的火热带动了医疗信息化的发展，健康医疗大数据平台的建设对医疗和民生事业的发展都有很大的意义。对医疗行业来说，完善电子病历、电子处方等数据的采集、存储能够打破壁垒，加快医院之间的资源整合，实现信息共享。对百姓而言，在线远程问诊、监控预防，足不出户就能把病看了的便捷，打破了时间和地域上的限制。文中提到的贵州（贵阳）互联网医院，是贵阳朗玛信息技术股份有限公司向贵州老百姓提供的慢性病及常见病免费视频问诊平台，该平台以实体医院为依托，以社区卫生服务中心、实体药店等便民场所为就诊点，打造了线上线下相结合的O2O诊疗模

式，整合了医疗资源，提高了医疗效率，把大数据和百姓的健康真正联系在了一起。

小贴士

大数据疾病监测平台

大数据疾病监测平台可以通过医疗机构进行相关数据的采集，分析形成“疾病星系图”，找出疾病之间的相关性及关联概率，帮助医生对患者进行诊治及其他相关科研应用。运用大数据疾病监测平台还可以通过对患者、疾病、医疗机构的全面分析，让医疗卫生主管部门清晰地了解患者转院或跨级就诊的原因，从而获取精准的患者画像。通过对常见病、多发病、慢性病的县域内就诊率情况分析，主管部门可以全面把控基层的服务能力，促进分级诊疗。

3. “铁臂”医生

小时候，我们看动画片《铁臂阿童木》时都希望自己真的能够拥有阿童木的那双铁臂，超乎常人，能够战无不胜。今天，让人拥有一双铁臂还真成了现实。

神奇的手术台上，患者全身麻醉后已深深睡去。今天的“主刀大夫”是身上有3只手臂的“达·芬奇机器人”，操控它的是加拿大著名妇科肿瘤专家怀特·亨瑞教授。“达·芬奇机器人”在患者腹部手术标记处分别切开了3个仅1厘米长的小孔，接着将手臂上的3只套管通过3个小孔缓缓放入患者腹腔。在怀特·亨瑞教授的遥控下，3个机械臂上下来回转动，看起来比人的手还要

灵巧。在人机的默契配合下，手术在进行一个半小时后，患者体内的肿瘤被完整切除，手术取得了圆满成功，患者各项生命体征平稳。

点评

怀特·亨瑞教授使用的“达·芬奇机器人”上分别安有装着内视镜的套管，套管的前方是带有光源和摄像头的内视镜，这突破了人眼的局限，能够使手术视野放大。在原来人手伸不进去的区域，3个机器手臂可以在360度的空间下活动，灵活完成转动、挪动、摆动、紧握等多个动作，具有人手无法相比的稳定性及精确度，突破了人手的局限。机器人完成的手术切口是从皮肤切开进行穿刺扩张，既不会切断神经，又不会切断肌肉，各种神经和血管都不会受到破坏，因此手术中不用输血，对患者来说是非常安全可靠的。手

术机器人机械臂相比于传统开放手术，达到了微创的效果，同时也节约了时间。

目前，机械臂同样应用于航空领域。2016年6月，中国运载火箭“长征七号”搭载“遨龙一号”升向太空。“遨龙一号”的主要任务就是清理太空中的碎片垃圾。“遨龙一号”上装载的机械臂首先会对这个碎片垃圾进行一个观测，观测之后进行定位，定位后还要近距离识别，识别以后才能抓取它，最后将其带到大气层进行烧毁。我国研制出的“遨龙一号”空间机械臂，由1个臂展和6个关节组成，非常灵活，可以全方位进行目标捕获和操作。随着大数据渐次进入人们的视野，这一类“人工智能”也不断被人们所关注，事实上，从严格意义上讲，这类工业机械化机器人，最多就是机器学习而已，而不是完全意义上包含大数据算法的“人工智能”。

小贴士

机械臂

在各类机器人中，模拟人类手臂的关节型机器人，因其具有结构紧凑、占用空间小、运动空间大、灵活精确等优点，成为应用越来越广泛的机器人。美国是最早开始研制机械臂的国家。

1954年，美国戴沃尔最早提出了工业机器人的概念，并申请了专利。该专利的要点是借助伺服技术来控制机器人的关节，利用人手对机器人进行动作示教，机器人能实现动作的记录和再现，这就是所谓的示教再现机器人。现有的机器人大部分采用的都是这种控制方式。

4. 谷歌的流感预测

“丁零零，丁零零，丁零零……”伴随着一阵下课铃声，阿曼达和安吉拉拿着书本从教室向宿舍走去。

“安吉拉，我这几天好像吃坏肚子了，胃特别不舒服，周末没课陪我去加州医院检查一下吧！”阿曼达摇了摇安吉拉的手臂说。

安吉拉听了后想了想，一脸担忧地说道："没问题，但是咱们去医院的时候一定要带好口罩啊，提前做好流感的防范措施。"

"为什么啊？是出了什么事情吗？"阿曼达一脸不解。

"你不知道吗？根据最新的谷歌流感趋势预测，未来的2周将会是流感发病的高峰期，像医院那么人群聚集的地方，我们必须提前做好防护措施啊。"

阿曼达听了安吉拉的一番话后，一脸的不可思议："天啊，谷歌流感趋势预测竟然已经发达到这样的地步了，它是怎么做到的啊？"

安吉拉笑了笑："其实这些都是大数据的功劳，谷歌流感趋势通过分析整个数据库，可以预测到因流感就诊的人数，这样，我们在去医院前就能提前做好相应的准备，防患于未然，可以避免不少的麻烦呢。"

点评

"谷歌流感趋势预测"（Google Flu Trends，GFT）未卜先知的故事，常被看作大数据分析优势的明证。2008年11月，谷歌公司启动的GFT项目，目标是预测美国疾控中心（CDC）报告的流感发病率。一登场，GFT就亮出了十分惊艳的成绩单，2009年，GFT团队在《自然》发文报告，只需分析数十亿搜索中45个与流感相关的关键词，GFT就能比CDC提

前2周预报2007—2008季流感的发病率。也就是说，人们不需要等CDC公布根据就诊人数计算出的发病率，就可以提前2周知道未来医院因流感就诊的人数了。有了这2周时间，人们就可以有充足的时间提前预备，避免中招。

谷歌流感趋势预测并不是依赖于对随机样本的分析，而是会分析整个美国几十亿条的互联网检索记录。“样本=总体”让我们能对数据进行深度探讨，分析整个数据库，而不是对一个小样本进行分析，能够提高微观层面分析的准确性，甚至能够推测出某个特定城市的流感状况，而不只是一个州或整个国家的情况。这样的分析，能使很多人通过大数据的预测避免不必要的痛苦、麻烦和经济损失。

小贴士

大数据分析的六个基本方面

1. Visual Analysis（可视化分析）
2. Data Mining Algorithms（数据挖掘算法）
3. Predictive Analytic Capabilities（预测性分析能力）
4. Semantic Engines（语义引擎）
5. Data Quality and Master Data Management（数据质量和数据管理）
6. Data Storage and Data Warehouse（数据存储和数据仓库）

5. 切断危机传播路径

在美国的蒙大拿州艾伯顿附近，一辆火车不幸脱轨，脱轨的车厢释放

了成片的致命浓度的氯气团，导致1人当场死亡（当氯气和身体里的水分接触时，就会变成氯水酸性化合物，导致死亡）。事故发生数分钟后，当地的救护人员和州长采取抢救措施，撤离城镇和周边的人员，但仍然有350多人中毒入院，不同程度地出现红眼、干咳、喉痛等症状。通常短时间内这些症状就会消除，但对于孕妇或者有肺病的人，轻微的氯浓度就可能导致死亡。随后，州和联邦政府成立了救援委员会，联合当地的疾病控制中心，针对毒气泄露的后续危害和影响进行研究，以制定撤离方案。最终，在最短的时间内，委员会成功控制了毒气扩散的范围，并最大限度地缩小了中毒人员的规模，尤其减少了对当地儿童和孕妇的影响。

点评

当一起公共卫生事件发生时，我们最希望看到的是在危机进一步扩散前，利用数据识别出它的传播路径和可能造成的影响，尽快制定应对方案，以减少对人们生命健康的威胁。上文中救援委员会是如何在最短的时间内控制了毒气的蔓延并减轻了其影响的呢？其实是有了大数据的支持与帮助。救援委员会首先搜集整理了事故的大量数据，包括火车装载物、泄露数量、地形情况、毒气的扩散方向等。利用数据可视化技术，数据工程师根据人口统计信息生成毒气扩散所在城镇的人口地图，以反映儿童、老人、孕妇的居住情况，这些人口地图清晰地展现了毒气扩散区域内的人口分布以及潜在危害，能帮助救援委员会决策谁先撤离、什么时候撤离。同时，救援委员会工作人员帮助州和地方医疗卫生部门检查从居民区撤出的人，确定症状和中毒情况，然后将这些数据输入地理信息系统，重新评估毒气对当地的真实影响，不断更新，创建各种地图，以便检查人员实时跟踪氯气团的扩展情况，预测可能受到污染的人口规模，不断降低决策的误差。最后，救援委员会综合当地人口信息和地理信息的结果，为了最大限度地降低毒气的潜在隐患，

建议住在艾伯顿及附近地区的大约1000人撤离，关闭沿线铁路17天。在大数据的帮助下，救援委员会真正做到了危机的实时应对，高效科学的决策让人们提前一步走出了危机。

数据可视化

数据可视化，是关于数据视觉表现形式的科学技术研究。其中，这种数据的视觉表现形式被定义为，一种以某种概要形式抽提出来的信息，包括相应信息单位的各种属性和变量。它是一个处于不断演变之中的概念，其边界在不断地扩大。数据可视化主要指的是技术上较为高级的技术方法，而这些技术方法允许利用图形、图像处理、计算机视觉以及用户界面，通过表达、建模以及对立体、表面、属性以及动画的显示，对数据加以可视化解释。与立体建模之类的特殊技术方法相比，数据可视化所

涵盖的技术方法要广泛得多。数据可视化技术的基本思想，是将数据库中每一个数据项作为单个图元元素表示，大量的数据集构成数据图像，同时将数据的各个属性值以多维数据的形式表示，可以从不同的维度观察数据，从而对数据进行更深入的观察和分析。

6. 医生的“火眼金睛”

“爸，我给您网上挂号了，您明天别忘了去医院做一下眼底筛查。”小刘在电话中对父亲说道。“我眼睛也没什么毛病，做眼底筛查干什么？”老刘问。“您不是有糖尿病吗？医生说了，糖尿病会导致患者视网膜发生病变，您还是尽早检查一下吧。”小刘说。“行，我知道了。”老刘回道。

第二天，老刘来到医院，医生让他坐在机器前进行视网膜图像采集，采集过后医生就将他的眼底影像上传至了系统，在等待后台检测期间，老刘问：“现在都是电脑检测了？”医生回答：“对，我们医院率先引进了基于眼底普查的人工智能，能够自动识别影像后给出分析识别结果。”话刚说完，智能检测报告结果就显示在电脑屏幕上了，医生看过报告后告诉老刘，他的检查结果没有什么异常，顺便

将检测报告结果打印出来交给了老刘。在回家的路上老刘遇见了隔壁老张，赶忙拿出报告单，说："你看，这是我今天做眼底筛查的检测报告，坐到那儿，机器给你检测，不一会儿结果就出来了。""都这么先进了啊，赶明儿我也去检测一下。"老张说。

点评

糖尿病人和糖尿病视网膜病变（DR）患者，失明的危险要比正常人高25倍。如果能早期筛查眼底、快速诊断眼底图，就能有效地防止视觉的损失以及失明。我国糖尿病患者数量逐年增加，目前已超过1亿人，其中DR患者占糖尿病患者的25%～38%。传统的筛查方法需要人工一个个去筛选，工作量大导致客观性变弱，诊断易出错，而人工智能深度学习后，可以通过眼底检查识别糖尿病性视网膜病变、白内障、青光眼、高度近视、玻璃体变性等20余种疾病，诊断准确率能达到约96%。因此，借助人工智能辅助诊断来提升医疗效率成为未来的一大发展方向。

近年来研发的基于机器学习技术的DR病变自动标注系统，能自动识别出血点、软性及硬性渗出，筛查速度较快，能自动判断被筛查者有无DR，并能对病变的严重程度分级，非常适合体检中心、内分泌科及社区卫生院开展DR筛查。这种DR病变自动标注系统，可通过云端的大量快速计算在3分钟内回

传报告，并可接受大批量同时上传与分析，实现自动病变标识、自动病变量化，其智能检测结果可作为辅助诊断依据及病变分期建议。

机器学习

基于眼底普查的人工智能就是利用“机器学习”原理，在短时间内“阅读”海量医疗数据，包括医疗诊断影像及医学论文、权威杂志等公开的医学资料，通过不断学习、积累“经验”，搭建适宜眼底诊断的智能软件模型，实现智能化阅片，辅助医生完成前期疾病筛查和初检，提高诊断效率。

机器学习就是学习经验，也就是通过数据样本的积累，获得精确判断和归类的能力。目前，机器学习的方法有3种：监督学习、半监督学习和无监督学习。相信大家都听过“瑞雪兆丰年”这句农谚，头年的瑞雪和来年的丰收，看起来是两个并不相关的现象，但是通过农民一代代的经验累积，得出了其中的规律，这就是监督学习。利用一组已知类别的样本调整分类器的参数，使其达到所要求性能的过程。简单来说，就是根据已知来预测未知。无监督学习恰恰相反，是对无类别样本进行自动调整参数，使其达到所要求性能的过程，也就是在没有经验和训练样本的情况下，让机器自己学习、提高性能。半监督学习就是基于上述两者之间，根据少量已知和大量未知来进行学习。

第五类：

媒体传播与大数据

在大数据时代，传统新闻思维受到挑战，用事实说话也要用数据说话——将数据的分析、挖掘甚至预测运用到新闻报道中。智能新闻写作尽管有一定的局限性，但是它还是提醒了我们：在某些新闻内容的写作上，面对机器，人已经式微。在传播领域，巨大的数据背后，媒体传播的智能化越来越强大。

1. “据”说春运

2014年1月25日，中央电视台《晚间新闻》播出了一条题为《逆向迁徙·老人去孩子城市成热点》的新闻：“以前过年时北京、上海、广州这些大城市几乎都会成为‘空城’，但今年从成都到北京的路线热度的排名却一直靠前。数据说明，更多的父母来到孩子工作的城市陪孩子过年。有些行业的工作人员在春节期间也得工作，不能离开工作城市，这些孩子的父母为了和孩子团聚成了春运‘逆向流动’的根本原因。”

这是中央电视台《晚间新闻》播出的系列专题报道《“据”说春运》中

的一期。该节目首次播出后，观众对这种运用数据可视化技术来播新闻的新颖方式非常感兴趣，网友跟帖："布满了亮线的地图，像烟花一样绽放的迁徙轨迹，人口迁徙的最新动态一目了然。"互联网行业人士中更是一片叫好之声，他们认为《"据"说春运》体现了央视的"转作风、接地气"，也是向公众普及大数据概念的有益尝试。

点评

"大数据新闻"就是从大数据中发现新闻，用大数据来解读新闻，运用主持人或者画外音加上讲故事的方式来解读、表现大数据。这在传统电视媒体领域是一次创新和突破，开创了"大数据新闻"视频播出的一种新形态。新闻品种创新，更是节目形态、表达方式上的创新，显示了大数据技术与传统电视媒体的深度融合，体现了央视用互联网思维实现自我升级的需要。从节目的形式和内容来看，大数据新闻呈现给观众的内容，可视性更强，除了视频、文字、图表、春运迁徙热门线路图、景区热力图这样的服务性资讯外，还运用了虚拟演播室的播出形式，使得报道更加新鲜、有趣，更加贴近普通观众的生活，提升了观众对节目的关注度。在线包装上，根据大数据公司、百度网站等提供的数据和内容，用图表、动画示意图等形式，将枯燥、难懂的数据和信息变得直观、清晰、易懂，可以有效增强可视性，拓宽受众范围，从而提升收视率。

国内早期媒体数据新闻实践一览表

媒体名称	数据新闻栏目	主要形式	上线日期
搜狐新闻	数字之道	数据可视化作品与可交互图表	2011年05月02日
网易新闻	数读	数据新闻可视化作品	2012年01月13日
新华网	数据新闻	信息图	2012年01月17日
财新传媒	数字说	部分数据新闻、文字报道与可视化图表	2012年11月11日
政见	读图识政治	信息图	2012年02月23日
新浪新闻	图解天下	信息图与部分数据可视化	2012年06月04日
《壹读》杂志	壹读视频	视频动画与动态数据可视化演绎	2012年07月25日
腾讯新闻	新闻百科	信息图与部分可交互图表	2012年09月21日
中央电视台	“据”说、大数据系列	动态数据可视化与主持人播报	2014年01月25日

（资料来源：《数据新闻大趋势——释放可视化报道的力量》，西蒙·罗杰斯著）

2. 大数据告诉你

“今天的故事要从这个‘大块头’说起。您看，就是它。这辆产自包头的矿用车重330多吨，是目前我国最大吨位的电动轮矿用车，也是全球唯一能在4500米的高海拔地区工作的矿用车，一台车就能卖3000多万元。前不久，非洲第四大矿产国——纳米比亚的一家矿产公司就看中它，一下子引进了3台。问题来了，这个长19米、将近3层楼高的‘大块头’怎么运走呢？通常这种大型货物要经过拆分，用火车运到港口，走海路才能运到非洲去。”

2016年11月11日起，内蒙古广播电视台（电视）新闻中心在《内蒙古新闻联播》栏目推出了10集系列报道《大数据告诉你》，上述内容是其中一期节目的开头。该报道运用大数据和可视化技术相结合，传统的新闻报道手法和新技术力量相结合，向国内外观众展示了内蒙古5年来取得的辉煌成就，改变了受众对成就性新闻报道方式的固有看法，在社会上引起强烈反响。

大数据时代，数字内容生产和数据挖掘分析成为常态，在新闻领域也不例外，大数据使新闻报道的功能和价值发生了新的变化。互联网时代数据的广泛应用、可视化的兴起让数据更容易理解，一些重大的新闻报道离不开数据统计和分析的支持。简单明了、内容翔实的数据新闻应运而生。

内蒙古是祖国北部边疆的重要对外开放省份，在“一带一路”倡议中的“中俄蒙经济带”中占据着举足轻重的地位，所以阐释好内蒙古地区民族特色、发展状况，传播好内蒙古的声音，从而讲好中国故事，是内蒙古地区主流媒体的重要责任。内蒙古电视台《大数据告诉你》用数据新闻的方式成为讲好内蒙古故事的报道典范，更是融合了目前国内最流行的动态跟踪动画，让每一期节目都有不同的侧重点，可以让观众从数字中充分感受到5年来内蒙古践行“创新、协调、绿色、开放、共享”五大发展理念所取得的成就。

数据新闻

近年来，数据新闻逐渐成为一种主流的新闻报道方式，它以风靡全球之势引领着一场信息透明化的全新运动。记者不再单纯依赖采访、文字和照片，而是通过对数据的挖掘与分析，发现新闻、找出故事。2009年，英国《卫报》的“数据博客”上线，在新闻叙事和内容生产方面，探索和开创了一系列不同于传统新闻叙事（storytelling）和内容生产方式，在诸多方面颠覆了人们对新闻、新闻生产和新闻行业的概念。2014年春运期间，央视《晚间新闻》推出的《“据”说春运》专题新闻报道，开创了我国在电视新闻中采用数据可视化思维进行报道的先例。此后，国内的许多省级电视台也开始尝试数据新闻的报道方式。

3. “机”智过人的写作

2017年8月8日晚，在四川九寨沟发生7.0级地震的18分钟后，中国地震台网机器人仅用25秒，便发布了标题为《四川阿坝州九寨沟县发生7.0级地震》的速报：“据中国地震台网正式测定，8月8日21时19分在四川阿坝州九寨沟县发生7.0级地震，震源深度20千米，震中位于北纬33.20度，东经103.82度。震中5千米范围内平均海拔约3827米……”

内容除了速报参数，还包括震中地形、热力人口、周边村镇等8项内容，报道通过中国地震台网官方微信平台推送，全球首发。

点评

机器人写稿早已经不是什么新鲜事，早在2015年9月10日，腾讯财经就开始使用开发出的写稿机器人进行新闻写作。现在，每当发生一些重要的事情，在记者和编辑们还处于惊愕中没反应过来的时候，一些网站的写稿机器人就已经迅速完成了数据挖掘、数据分析、自动写稿的全过程。那么这些机器人是怎么利用数据来写稿的呢？我们以“地震信息播报机器人”为例，一共有10个步骤：1.取标题；2.发布震中地图，包括地理位置图和地形图；3.写出地震参数，包括时间、地点、震级以及震源深度等信息；4.写出地震周边的历史情况；5.写出地震空间分析，设定范围（如5千米），列出范围内的所有村庄；6.写出周边的乡镇分布情况，以及震源周边20千米内的乡镇情况；7.列出震中县城的基本情况，包括地理位置、气候特征等；8.写出震中的天气情况，是否适合救援；9.震中的人口情况、数量多少、人员是否集中等；10.自动发布，无须审阅签发。并且，机器人在写作的过程中并不是简单地堆砌数据，而是根据新闻传播的特点融合数据；不用吃饭、不用睡觉、不会生病，还不领工资，机器人写稿，真正达到了“又让马儿跑，马儿又可以不吃草”的理想境界。

既然机器人能写稿，那么记者和编辑要颤抖吗？当然不必。目前，机器人写的稿子只是一些标准化、程式化较强的“通稿”，仅限于“消息”层面。信

息时代，拼消息发布的速度固然重要，但更稀缺的无疑是有深度、有观点、有调查性的报道和评论。机器人负责基础性的文字工作，能把记者们解放出来，让他们能有更多时间深入地发掘新闻，有更多精力去采访、创作。同时机器人也可以将消费者从海量信息中解放出来，提高他们获取信息和知识的效果和效率，而这就是人工智能对媒体的重要影响。或许，“人机协作”在不远的将来将成为媒体的标配。那个时候，也许每一个中国新闻奖背后，都会站着一个人类记者和一个虚拟记者，他们通过不同的视角来观察这个世界。

不仅如此，机器人还可以进行文学创作。2017年9月8日，中央电视台播出的《机智过人》栏目中，机器人“小冰”用10秒钟创作了260首诗，震惊现场。在与诗人联盟进行对决时，“小冰”所创作的诗歌受到了现场观众的喜爱，从而赢得了“机智过人”的称号。“小冰”的现代诗创作能力，师承1920年以来的519位中国现代诗人，包括胡适、李金发、林徽因、徐志摩、闻一多、余光中、北岛、顾城、舒婷、海子、汪国真等。经过6000分钟、10000次的迭代学习，目前小冰的诗已经形成了“独特的风格、偏好和行文技巧”。

小贴士

写作机器人

写作机器人，就是能根据算法在第一时间自动生成稿件，瞬时输出分析和研判，一分钟内将重要资讯和解读送达用户的人工智能软件。写作机器人不仅可以对核心数据进行

梳理，还可以根据算法在第一时间自动生成稿件，瞬时输出分析和研判。尽管截至2015年该机器人只能撰写消息类稿件，诸如有深度、人物类题材还无法胜任，但因其属于批量生产类型，每天可完成百篇稿件，在稿件数量上“完胜”单兵作战的记者。未来人类与智能机器人的劳动分工是必然的。人工智能机器人因其工作原理是基于规则进行逻辑推理，所以适用于程序化劳作，可以处理数据量较大、时效性要求高的工作；而人类的思维特点在于不受限于规则，可从事更具创新性的工作。

4. 奥斯卡花落谁家

大卫罗斯柴尔德（David Rothschild）是微软纽约研究院的一名经济学家。2013年，他利用大数据成功预测了24个奥斯卡奖项中的19个，受到人们的广泛关注。在 2014 年的奥斯卡颁奖典礼开幕前，他也同样发布了自己的预测结果。

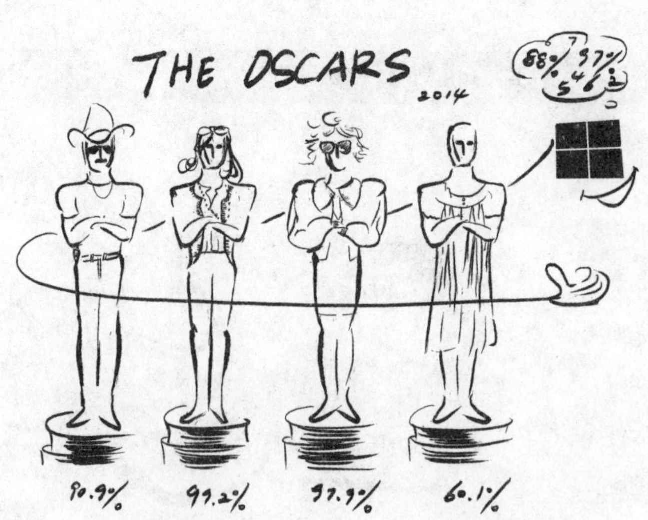

最佳影片：《为奴十二年》，88.7%。

最佳导演：阿方索 · 卡隆《地心引力》，97.6%。

最佳男主角：马修 · 麦康纳《达拉斯买家

俱乐部》，90.9%。

最佳女主角：凯特·布兰切特《蓝色茉莉》，99.2%。

最佳男配角：杰瑞德·莱托《达拉斯买家俱乐部》，97.9%。

最佳女配角：露皮塔·尼永奥《为奴十二年》，60.1%。

那么预测的准确性到底高不高呢？令人惊奇的是，在24个奖项中，有21项他都预测中了，准确性明显高于2013年，而他没能正确预测的3个奖项分别是：最佳动画短片、最佳纪录长片和最佳真人短片。之所以没能够准确预测这3个奖项的获奖者，应该是因为相关数据的不充分。其实，早在 2012 年美国总统大选中，大卫罗斯柴尔德就正确预测了51个选区中50个地区的选举结果，准确率高于98%，很是犀利。微软的大数据分析预测简直堪称为预言帝。

点评

奥斯卡是一项由国际明星和各类影片组成的颁奖盛典，也是全世界的影迷大众最关注的一项颁奖盛事，所以当第85届奥斯卡微软纽约研究院成功预测到24个奖项中的19个，第86届更是只有3个没预测到的时候，许多人都感到非常吃惊，都在想这是怎么做到的。其实，微软纽约研究院的微软大数据分析系统才是真正的预言帝。这套分析系统首先关注的就是最有效的数据，借助特定领域的历史数据建模，然后在通过不断升级模型确保预测的准确度的基础上创建一个不受任何特别年份结果干扰的统计模型，所有模型都根据历史上各项奥斯卡数据进行检测和校正，确保模型能够正确预测样本结果；其次，这套模型会集中收集市场预测的数据和部分用户的生成数据，来帮助其了解电影内部和不同类别之间的关联度，比如《林肯》这部影片会赢得多少个奖项；最后，因为实时预测是非常重要的，可以随时提供最新的预测结果，所以这套模型也会不断地吸收动态，来为整个预测结果不断地纳入新信息，通过这些数据，它可以提供一个更详细的追踪记录，来展示什么时候、为什么发生了变化，是时间上的动态变化还是数据间的相互影响改变了最终的结果。这一系列的数据模型与分析，使得我们还在电视机前焦急地等待结果时，微软纽约研究院里的这一套数据模型就已经算出来谁会是今年的奥斯卡影帝了。

小贴士

奥斯卡和美国总统的小趣闻

在大数据时代，奥斯卡奖也可以成为美国总统选举的风向标。奥巴马竞选连任前，CNN（美国有线电视新闻网）把近50年来民主党和共和党总统同奥斯卡奖和金球奖做比对，得出一个不成文的结论：一旦两奖的最佳影片吻合，共和党总统候选人胜出，反之是民主党总统候选人胜出。而2012年两奖的最佳影片分别是《艺术家》和《赎罪》，CNN由此推断奥巴马必胜。这是政治拿奥斯卡奖作为另类“数据”而预测成功的一例。

5. 让总统着迷的《纸牌屋》

2013年12月中旬，正被监控事件与医改网站搞得焦头烂额的奥巴马，找来很多科技公司的大佬到白宫进行讨教。

当奥巴马看到投资制作《纸牌屋》的Netflix公司（美国一家视频网站）的老板时，首先问的却是：“你是不是把最新一季的《纸牌屋》给我带来了？” Netflix公司的老板听到后，马上说：“我真希望您能在新一季《纸牌

屋》中‘客串一角’。”

让奥巴马念念不忘的《纸牌屋》，是2013年Netflix首部原创剧集，中国观众甚至称它为“白宫甄嬛传”。据统计，这部Netflix网站的原创政治大剧播出后收视数据达到了惊人的3170万，上至总统下至平民百姓，都是这部剧集的忠实粉丝。犀利且精致的剧情、知名导演和演员，都是它成功的重要因素，而观众们却不知在它如此“好看”的背后，却还藏着一个秘密武器——大数据。

点评

“如果100位消费者中有20 位文艺片爱好者，20位看科幻片，20位看3D片，那么在没有精准营销的情况下，每场电影营销成本都是针对100人，可想而知，实际的营销回报率最高只有20%。但精准营销，可以让你的成本降低80%，根据我们的经验，营销回报率完全可能达到30%～50%。”（摘自《大数据时代的营销变革》）

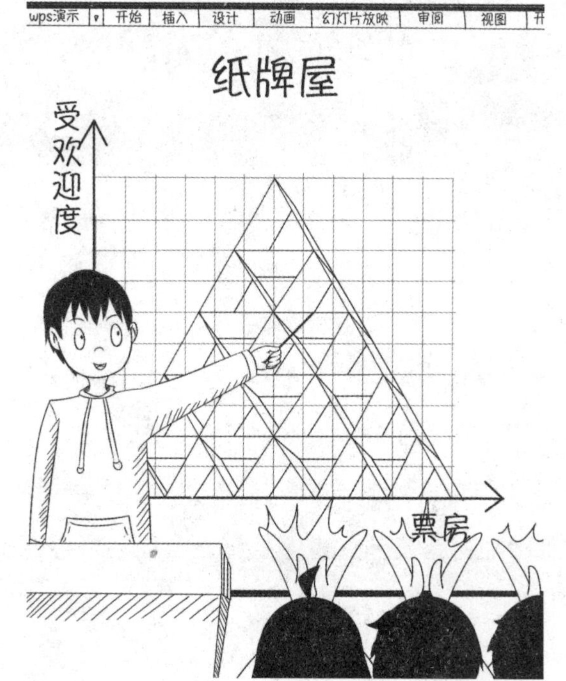

在Netflix网站上，用户每天产生高达3000万个行为，订阅用户每天还会给出400万个评分、300万次主题搜索，这些数据都会被Netflix转化成代码，当作内容生产的元素记录下来。随着数据挖掘技术的日渐

成熟，拥有大量用户行为数据的Netflix网站，不再仅仅将这些数据用来进行精准推荐，而开始用来科学指导影片生产。用户只要登录Netflix网站，网站后台技术便将用户位置数据、设备数据记录下来，用户每一次的播放、暂停、回放、关闭、收藏视频的行为，都会被作为数据传入后台进行分析。Netflix不用准确地知道每个用户回放或关闭视频的原因，只要有足够多的人在视频中的同一个地方做了相同的行为，数据就开始发挥作用了。Netflix在后台监视着所有用户的观影习惯。

Netflix的工程师们通过分析发现，喜欢BBC电视剧与导演大卫·芬奇和老戏骨凯文·史派西的用户存在交集，如果一部影片能够同时满足这几个要素，可能就会有很高的热度。因此，Netflix决定赌一把，他们花费1亿美元将一部1990年播出的BBC电视剧《纸牌屋》的版权买下，并请来大卫·芬奇担任导演，让凯文·史派西担当男主角。从播出效果看，他们赌赢了，《纸牌屋》不仅是Netflix网站上有史以来观看量最高的剧集，而且还在美国和其他40多个国家掀起了追剧热潮。

用户行为分析

用户行为分析，是指在获得网站访问量基本数据的情况下，对有关数据进行统计、分析，从中发现用户访问网站的规律，并将这些规律与网络营销策略等相结合，从而发现目前网络营销活动中可能存在的问题，并为进一步修正或重新制定网络营销策略提供依据。通过对用户行为监测获得的数据进行分析，可以让企业更加详细、清楚地了解用户的行为习惯，从而找出企业营销环境存在的问题，让企业的营销更加精准、有效，提高业务转化率，从而提升企业的广告收益。

6. 陈坤PK黄晓明：到底谁的商业价值更大

最近，小董和小宋接到了一份有趣的任务，他俩所在的数托邦（DATATOPIA）创意分析工作室要求他俩做一次有趣的尝试，利用大数据对百花奖得主陈坤和金鸡奖影帝黄晓明这两位家喻户晓的明星进行商业价值分析。一接到这个任务，小董和小宋就开始活力十足地准备了。他俩使用的方法也很简单，就是对陈坤和黄晓明两个人的所有微博及其粉丝活跃数进行数据提取，并通过数托邦自有技术剔除掉疑似水军（一群在网络中针对特定内容发布特定信息的、被雇佣的网络写手）和僵尸粉（微博或百度贴吧上的虚假粉丝，花钱就可以买到“关注”，有名无实的微博粉丝，它们通常是由系统自动产生的恶意注册的用户）的账号，小董和小宋共计采样了15万个微博活跃用户（其中包括陈坤和黄晓明各5万活跃粉丝，以及5万随机抽取的新浪微博活跃用户），分析处理了约1.2亿条微博信息。当拿到最终统计结果后，小董对小宋说：“陈坤的粉丝是黄晓明的1倍多，我还以为粉丝的参与度和形成传播的能力上一定要远远高于黄晓明呢，结果这么一看，这俩人根本就没啥差别啊。”小宋听了后，也不禁摇摇头说："其实现在许多明星单条商业微博所呈现的额外互动量数字背后多半存在营销推广动作，实际上并没有有效传播到更多的真实用户。这不，通过数据分析手段，两个人的商业价值非常清晰地跃然纸上，粉丝量多也不代表商业价值就一定高啊。"

点评

最近几年，社交媒体（以及自媒体）的出现和兴盛深刻地影响了影视行业的发展。它让影视作品生产的每一个环节都变得与观众（消费者）直接相关，许多在行业中掌握重要资源的决策者也正在尝试通过分析社交媒体上的信息，来评估他们手中的项目是否具备真正的市场价值。而对于影视行业最稀缺也最抢手的资源——明星而言，社交媒体也给他们带来了不少好处。它让明星的工作和生活、心情与感情都变得"透明"起来。从某种程度上说，明星不像普通人，想说什么就说什么，尤其是在微博这样的大众社交媒体上，其呈现出来的形象，其实是"他"希望粉丝们看到的形象，或者是特意放大所塑造的形象。社交媒体就像是一个放大镜，通过数据分析明星账号可以看到：只要努力并持之以恒，明星就有极大可能捕获自己希望锁定的受众；在社交媒体上拥有鲜明的个人品牌形象，有利于获得稳定的口碑；通过展现社会责任感，可以提升跨界影响力等。在一个"作秀"的时代，如何利用社交媒体打造更有号召力的公众形象（品牌），是很

多营销团队都在热烈思考的问题。大数据分析仅对“作秀”的效果提供了一个观察的角度，以及一个思考的起点。下一个问题是：如何能在数据的信息海洋中，让所有的关注都不浪费，让每一次的话题都有意义？

2017年阿里明星消费影响力报告

2017年10月30日，阿里大数据发布了一份《明星消费影响力报告》，这份报告亮点颇多，包括：每天在淘宝上搜索“明星同款”的人次超过450万，相当于半个杭州城的人都出动了；杨幂力压迪丽热巴、赵丽颖等，坐稳“带货”女王称号，在所有明星中“带货”指数最高；从粉丝人均成交金额来看，周冬雨的粉丝最“豪”；范冰冰同款假发颇受欢迎，刘雯拖鞋也能上热搜；古力娜扎男女通吃，王俊凯女友粉和亲妈粉最多；公务员最喜欢高圆圆，媒体人最喜欢周冬雨；科研工作者也追星，75%的追星族拥有本科以上学历……

阿里大数据的这份报告确实让我们更加了解了明星的消费影响力，但娱乐归娱乐，生活归生活，对于明星的商业价值我们要理性看待，切忌盲目推崇。

第六类：

娱乐与大数据

在社会化新媒体时代下，每一个人使用媒介、触达内容、互动反馈的行为，都在不知不觉发生变化。以影视产业为代表的媒体行业，在这波浪潮中，最直接地感受到了新媒体用户的力量。互联网思维改变着一切，这种巨大的变化，使得内容的生产者和分发渠道自发或被迫地需要离用户和市场的需求更近。对社会化媒体用户的大数据分析研究应运而生，且变得越来越重要。

——数托邦（《中国娱乐大数据》）

1. HANA让汤姆不再难过

2017年6月13日，对于正在工作的汤姆来说可能不是个好日子，今天是NBA总决赛勇士队和骑士队对决的第5场，这场比赛很有可能决出今年总冠军的归属，而作为勇士队球迷的汤姆因为突然的加班可能无法在电视机前见证这一时刻了。一起加班的约翰看到汤姆趴在桌上一筹莫展连连叹息的样子，问道："汤姆，你怎么了？""今天是NBA总决赛的第5场，勇士队很可能举起冠军奖杯，而我却见证不了冠军时刻了。"汤姆抱怨说。约翰看着汤姆的样子忍俊不禁："别难过了汤姆，下班之后直接去NBA.com上观看比赛回放不就可以了，不仅可以看比赛，而且你喜欢的库里、杜兰特在这场比赛的所有进攻、防守等数据信息你都可以直接看到，也不用去谷歌搜索，这不是一举两得嘛。"听到约翰说的话，汤姆不禁笑道："NBA.com什么时候这么高级了，走，下班一起约着看比赛回放去。"

NBA是美国的主流运动之一，我们甚至无法将其简单地归结为篮球，它更多地承载着一种文化，加上成功的商业运作，NBA已经成为一个全球知名的品牌，而在这份成功的背后，数据正在发挥着越来越重要的作用。以往，在一场比赛结束后，像汤姆这样的球迷要想知道这场比赛的具体数据，或许需要通过Google进行检索，或许要在ESPN、BR这样的第三方专业平台上进行搜索，这对于球迷来说是个比较麻烦的过程。正因如此，NBA联盟在2012年和SAP公司合作并研发出了HANA这一平台，由于该平台强大的数据收集以及快速分析的能力，NBA.com为用户提供了包括球员、球队、比赛等所有数据的分析结果，自1947年赛季以来的共计超过4500亿个数据都可以在这一平台上被检索到。在这一平台上，我们可以轻易检索到，在2014年湖人与太阳的比赛中，36岁的科比出场44分钟，37投14中，拿下39分9篮板1助攻。我们还可以得知，过去30年，科比是联盟中第二个36岁以上在单场比赛中出手超过35次的球员。正是由于HANA所提供的技术支持，NBA.com可以支持成千上万人同时进行搜索请求，所有的比赛数据在赛后5分钟内即可上传更新。统计数据显示，在使用HANA这一平台后，NBA网站的浏览量超过了270亿，访问用

户增加了66%。HANA平台打造出了一个最佳的、体验超乎寻常的NBA网站。而这一切，都要归于HANA平台强大的数据收集能力。

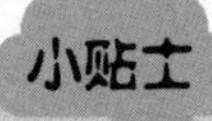

HANA（High-Performance Analytic Appliance）

SAP HANA是集结了SAP与IBM、惠普、思科、富士通、英特尔等硬件商一起合作的结晶，将基于内存的计算植入业务应用的核心。它是一个软硬件结合体，可提供高性能的数据查询功能，用户可以直接对大量实时业务数据进行查询和分析，而不需要对业务数据进行建模、聚合等；它是一个基于内存计算技术的高性能实时数据计算平台，通过内存计算技术优化应用，转变人们的思考、规划和工作方式等。SAP HANA的诞生，主要是针对当前企业里不同来源的海量数据，并将这些不同结构的数据进行整合，进一步实时进行数据挖掘和分析。

2. 围棋：人与“狗”的博弈

2016年3月9日，一场别开生面的、持续5天的AlphaGo大战李世石的围棋比赛拉开了序幕，这场世界上最会下围棋的人与人工智能的超级对弈，被新浪、乐视、腾讯等媒体通过网络直播向观众呈现。第一场比赛开局之初，AlphaGo与李世石的对攻就显得惊心动魄，但李世石在中盘局势领先的情况下出现了小失误，从而被AlphaGo敏锐地捕捉到战机，最终李世石在第186手时投子认负，AlphaGO取得了1：0的领先；3月10日和12日的第二、三场比赛中，双方很长时间势均力敌，但到后来，机器算法越来越精准，李世石最后

认输；第四场比赛时，李世石在白78挖时下出一招妙手，成为本场比赛的转折点并最终赢得了胜利；3月15日，人机对决的最后一场比赛，李世石在开局后一直顽强应战，但在终局前，明显力不从心，最终中盘认输。这样，李世石就以1：4输掉了这场举世瞩目的人机围棋大战。

点评

上文中的李世石输给AlphaGo在一些专家看来是迟早的事情，只不过是没想到会来得这么快而已。因为AlphaGo并不是像当年的“深蓝”一样用穷举法打败人类，而是结合了大数据知识下的深度神经网络机器学习方法和搜索树算法。蒙特卡洛搜索树被认为是AlphaGo击败人类的功臣之一，它是一种启发式的搜索策略，能够基于对搜索空间的随机抽样来扩大搜索树，从而分析围棋这类游戏中每一步棋应该怎么走才能够创造最好的机会。此前AlphaGo战胜李世石，它的优势在于通过自我对弈，产生了3000万盘围棋棋谱，而李世石是无论如何也找不到这么多棋谱的。AlphaGo依赖运算能力和结果概率推导，每分钟可能推演上亿步的棋局演化，人类未出招，它已经想好N的N次方种方法来接招。

人工智能发展的速度令人惊讶，时隔1年后的2017年10月19日，谷歌旗下人工智能研究部门DeepMind发布了AlphaGo Zero软件，它在3天内学会了“前辈”AlphaGo需要半年多时间学会的东西，以100：0战胜了AlphaGo。

人类数千年的经验与知识，在最新的人工智能面前只不过是几十个小时的深度学习，并且它还发掘了从未被人类发现的更先进的围棋理念。世界冠军柯洁也感叹：“一个纯净、纯粹自我学习的AlphaGo是最强的，对于AlphaGo的自我进步来讲，人类太多余了。”围棋冠军古力也说：“20年不抵3天啊，我们的伤感，人类的进步！”不过他们的感慨可能太过于悲观了，因为不管人工智能未来的发展状况如何，就像谷歌母公司Alphabet董事长埃里克·施密特在赛前向大众所说的：“无论最终结果是什么，赢家都是人类。”

小贴士

AlphaGo

AlphaGo是第一个击败人类职业围棋选手、第一个战胜围棋世界冠军的人工智能程序，由谷歌旗下DeepMind公司戴密斯·哈萨比斯领衔的团队开发。其主要工作原理是“深度学习”。2016年3月，AlphaGo与围棋世界冠军、职业九段棋手李世石进行人机围棋大战，以4：1的总比分获胜；2016年年末至2017年年初，该程序在中国棋类网站上以“大师”（Master）为注册账号与中日韩数十位围棋高手进行快棋对决，连续60局无一败绩；2017年5月，在中国乌镇围棋峰会上，它与排名世界第一的世界围棋冠军柯洁对战，以3：0的总比分获胜。围棋界公认AlphaGo的棋力已经超过人类职业围棋顶尖水平，在GoRatings网站公布的世界职业围棋排名中，其等级分曾超过排名人类第一的棋手柯洁。2017年5月27日，在柯洁与AlphaGo的人机大战之后，阿尔法围棋团队宣布AlphaGo将不再参加围棋比赛，AlphaGo将进一步探索医疗领域，利用人工智能技术攻克现代医学中存在的种种难题。

3. 有53根手指的TEO

2017年9月1日，中央电视台播出的《开学第一课》中，请来了这样一位特殊的嘉宾，“他”穿着礼服，扎着领结，却长着一张漫画式的脸，夸张的圆眼睛，随着情绪不停上下挑动的粗眉，还有一张由蓝色灯泡组成的大嘴，一本正经中透露出可爱，像极了电影中走出来的人物，“他”就是来自意大利的钢琴机器人TEO。与人类不同，TEO有53根手指，几乎覆盖大半个键盘，所以可以非常快速地弹奏任何曲目。在节目的“人机相遇，幕后高手是谁？”环节中，5岁的李俊杰小朋友与TEO各自演奏一首《肖邦幻想即兴曲》后，著名钢琴家郎朗表示，虽然听到了其中一位有一个错音，但是能感觉这位的音调强弱分明，更具情感，所以这位一定就是李俊杰小朋友。接着，12岁的徐子航与TEO上演了速度大比拼，他们弹奏了速度超快的名曲《野蜂飞舞》，最终TEO以领先2秒获胜。在机器人与人类的琴技比拼上，无论是速度还是精准度，机器人都超越了人类。

点评

TEO来自于意大利，是世界上第一个集弹琴、说话、唱歌于一体的机器人。2011年时，他还只有19根手指，上文中，参加《开学第一课》的 TEO 是第三代，现在，TEO已经发展到了第四代，拥有着88根手指的它可以覆盖到键盘的全部区域。在精准的演奏乐曲方面，TEO 绝对是世界上错误最少的音乐家，因为它的背后有着几根数据线，这几根数据线通向了一台电脑，在这台电脑中，存储着来自全世界、从古至今的几千首经典的钢琴曲目的乐谱。这样看，它本质上就是一个机械乐器数字界面（MIDI）播放器，能够以物理的方式“播放”出它所想演奏的任何一首乐曲，是一个几乎完美的、地地道道的钢琴家。而且随着数据库的不断壮大以及处理器的改善，第四代的TEO还能在某些时候即兴发挥，自我创造出一些曲目。

从《开学第一课》中，我们可以看到，作为这样的一个钢琴机器人，它在数据支撑下的技术方面是有成就的。但是，在情感方面，这个钢琴机器人是非常缺乏的，这也是机器人在人工智能程序的运行下运转的必然结果。就像撒贝宁在节目中所说的：“在技术上是机器人赢了，但是在情感和艺术的表达上，还是我们人类赢了。”艺术的情感能不能用电脑计算来实现，这也

是未来在人工智能下不断发展的钢琴机器人所要面对的一个很大的挑战。

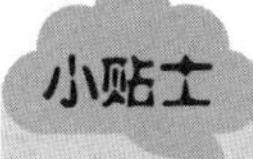

TEO

TEO，全称Teotronico，中文翻译为特奥特罗尼科，是意大利发明家马特奥·苏兹（Matteo Suzzi）制作出的世界上首个能边弹钢琴边唱歌的机器人。马特奥·苏兹花了5000美元用4年的时间制造了出了TEO，他的机器人公司名叫Teotronica，和TEO的名字只差一个字母。TEO在马特奥·苏兹的心中是一个可以进行音乐教育和作为欣赏工具的机器人，有趣的形象可以吸引年轻观众，音乐语言的基本元素可以用即时生动的方式介绍给不同年龄的学生。这个机器人的外形与电影《圣诞夜惊魂》中的主人公杰克非常相像。TEO不仅能够演奏，还认识速度记号，和弦也不在话下，其眼部还安装了摄像机，以便可以“看见”并感知周围的物体，同时它还能通过语音和面部识别系统与听众进行交流。接下来，马特奥·苏兹希望它的发展能给音乐行业带来变革。

大家一定要注意我们的表达——TEO是机器人，机器人与人类的钢琴弹奏的不同在于它是程序化的——内存了几千首钢琴曲，都是按标准答案设定的。由此看来，笼统地把这类机器人等同于大数据算法的“人工智能”，也是缺少严密性的。

4. 随心所欲的网易云音乐

“给我推荐几首好听的hiphop呗，你们年轻人知道的肯定比我多。”小优对自己上高二的妹妹小洁说道。

“你不是前一阵儿还听民谣呢吗，怎么换风格了？”小洁问。

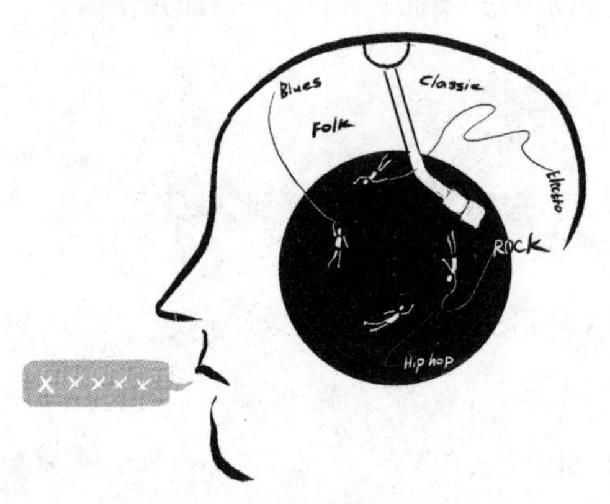

“这不是看了《中国有嘻哈》嘛，突然就对嘻哈感兴趣了。”小优回答。

小洁随手在网易云音乐上打开了一个榜单递给小优，说：“用网易云音乐吧，这里有很多嘻哈音乐的榜单，都很不错。”

小洁告诉小优，现在他们班里大部分的同学都在用网易云音乐，网易云音乐的界面简洁清新，没有流氓广告的推送，最主要的是网易云音乐资源很多，歌单也很强大。如果想要找个助眠的音乐，一搜就能找到相关歌单。还有私人FM和各种个性化推荐，让人每天都充满期待感。相比于其他音乐软件，网易云音乐做得最好的就是它的评论区和动态区，音乐本身是容易形成共鸣的东西，在网易云音乐的评论区能够感受到不同的人在听同一首歌时都有着怎样不同的感触，或许还能够找到志趣相投的“知音”。另外，云音乐小秘书每天的早安、晚安以及每逢中午聊个天的动态话题，也是非常人性化的。

点评

大家都知道，现在在我们所用的各种手机音乐软件中，网易云音乐无疑是年轻人中最火的软件，上线仅4年，浑身就已经被贴满了各种标签：用户量超过3亿，估值达80亿元，最受欢迎的App，市场占有率上升最快的音乐播放器……它为什么会这么火？大数据下的精准定位无疑是它杀出重围的一大重

要原因。

网易云音乐的平台属性十分丰富，有音乐平台、社交平台、媒体平台等，但其实它最重要的属性是一个数据平台，用户和数据则是其中最关键的组成部分。目前，网易云音乐上每天会产生近千亿条的数据，包括听歌数据、收藏数据、社交行为等，这些曲库和数据经由人工智能进行处理，然后推送给用户，生成网易云音乐的榜单、个性化推荐内容等。其中，个性化推荐是许多网易云音乐的听众都非常喜欢的一个模式，有许多人甚至说它比男（女）朋友还懂自己，但要做到精准推荐，还是很复杂的。以歌单推荐为例，网易云音乐平台上有千万曲库，超 4 亿歌单，如何把这些音乐内容通过分析后精准推给 3 亿用户，这其中牵涉到歌曲建模、排序算法、基础推荐算法、用户建模算法、反馈算法等工作，同时受一些主观因素的影响，各种算法还需要对应不同的实时处理方案。可以说，数据的收集加上人工智能的应用成就了网易云音乐现在的地位。

《网易云音乐2016上半年用户行为大数据》

2016年8月18日，网易云音乐发布了《听歌多元化时代到来——网易云音乐2016上半年用户行为大数据》报告。数据显示了2016上半年网易云音乐流行现象与趋势。

1.网易云音乐已成长为国内最重要的音乐平台之一；

2.社交属性悄然改变着用户听歌行为，移动端用户占比超过80%，手机播放器已成为大众听歌的绝对首选；

3.听歌进入社交化时代，听歌单、听歌看评论成为流行听歌行为；

4.数据可能比你自己更懂你，越来越多的用户通过个性化推荐发现好音乐；

5.独立音乐人迅速崛起，在垂直平台具备更强大的影响力；

6.音乐平台上社交互动助推艺人涨粉；

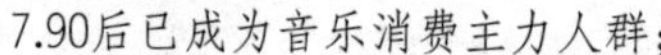
7.90后已成为音乐消费主力人群；

8.用户付费意识明显提高，付费会员数量和数字专辑售卖量增长迅猛；

9.综艺影视对音乐的影响依旧强大，热门歌曲中七成来源于综艺或影视；

10.五大风向音乐流行市场进入多元化时代，没有绝对巨星，没有主打曲风；

11.听歌进入多元化时代，除传统流行音乐外，民谣和电音已崛起；

12.偶像流行乐保持高热度，欧美歌曲受众人数增加。

5. 二次元荷兹

“对不起，节目暂停一下。”

2017年8月26日晚上，正在手机上观看互联网综艺节目《明日之子》的遥遥被星推官薛之谦突然打断主持人的一声喊话惊呆了。接着遥遥看到薛之谦拿起话筒冷冷地说：“这可能是个播出事故。对于上一轮，非常抱歉，各位，我得到主办方指示，他们告诉我，不要让荷兹输得太难看，所以要我投荷兹一票，现在反而让荷兹晋级了。我觉得我有责任。如果是这个原因，导致任何一个人走，我辞去星推官的责任。”随后，薛之谦将话筒摔在

桌上，离开了舞台。

因为当时是直播，节目现场一片哗然，主持人张大大几度停顿，最后节目被迫中断40分钟，这让遥遥很是惊讶，她立即去搜索、刷微博，发现这段视频也瞬间在网络疯传，凭借着这劲爆的内容，“薛之谦摔话筒”也迅速登上了微博热搜榜的第一位。当然，最后薛之谦还是回来继续录制节目并选择弃票，主持人则宣布荷兹和另一位选手全部待定。

点评

看了上面的故事大家一定心存疑虑：这个导火索“荷兹”到底是何方神圣呢？其实，荷兹并不是人，而是一位并不存在的虚拟选手。荷兹的声音、动作都是由一个140人组成的幕后团队来完成的。荷兹在《明日之子》的现场是看不见的，只能通过现场的大屏幕来观看，他在现场的所有互动，比如与选手和观众的对话，以及做出的相应动作反馈，都源自实时动态捕捉技术。出现在直播屏幕上的荷兹是用虚拟摄影机实时跟随其位置和角度，像拍摄真人一样与镜头实时互动。所以在节目现场星推官薛之谦会通过虚拟摄像机来观看荷兹的表演。

从荷兹出现在《明日之子》舞台上的那一刻起，质疑声就从未停歇。

星推官薛之谦与华晨宇为了“他”不止一次发生争执；三次元（现实世界）真人选手联手对抗二次元（二维）荷兹；演员陈晓对荷兹持续占据晋级名额产生质疑。和10年前在日本出现虚拟偶像初音未来的遭遇一样，荷兹的出现，也伴随着各种质疑、吐槽和抨击。不得不说选择荷兹作为虚拟偶像，特别是通过直播选秀节目来培养，是有很大风险和挑战的，但是作为一个没有绯闻、永远年轻，并具有超高市场套现能力的虚拟偶像，荷兹代表的虚拟偶像的潜力不仅于此，关于荷兹或许我们要有更多的想象。

小贴士

动作捕捉技术

此次能够让荷兹出现在《明日之子》中的动作捕捉技术目前已经广泛应用在影视中了，我们所观看的好莱坞大片，很多都采用了动作捕捉技术。动作捕捉可以将从人身上捕捉到的动作，运用到虚拟的动画角色和怪兽、外星人身上，借由动作捕捉可以实现荷兹和粉丝，以及现场嘉宾的互动。2008年，由詹姆斯·卡梅隆导演的电影《阿凡达》全程运用动作捕捉技术完成，实现了动作捕捉技术在电影中的完美体现，具有里程碑式的意义。其他运用动作捕捉技术拍摄的著名电影角色还有《猩球崛起》中的猩猩之王凯撒，以及动画片《指环王》系列中的古鲁姆，都由动作捕捉大师安迪·瑟金斯所饰演。

第七类：

广告与大数据

借助大数据分析应用的互联网精准投放广告业务，已成为近几年网络的重要盈利模式，也真正成为我国广告行业自诞生以来，一次具有革命意义的技术突破，与传统的广告业务相比，大数据下的广告显得更加智能化。

——曾杰（《一本书读懂大数据营销》）

1. 伊利饮料让你"脱单"

2016年3月，春节刚过，赵老师突然收到学生二逗的电话："老师，我叫几个同学，咱们一起坐坐。"二逗大学毕业6年，如今在北京一家公司打工，月薪虽不是很高，但作为一名程序员，不买房，租房养活自己还是绰绰有余。这不，春节回来过年还没返京。一走进饭店，手里拿着一瓶伊利乳酸饮料的二逗便开始抱怨："在家待一会儿，妈妈和二姨就不断地问'女朋友''女朋友'，想出来和老师、同学散散心吧，这也不被放过，绝对崩溃！"说着二逗把手中的饮料"咣当"一声放在餐桌上，赵老师不解："咋和酸奶过不去？"二逗示意老师看看饮料，赵老师上去拿起饮料，酸奶包装上的内容让赵老师忍俊不禁：这是一瓶内蒙古伊利生产的每益添（活性乳酸菌）饮料，塑料瓶装拦腰的包装纸上，一边是产品的logo，一边赫然印着"早日脱单　姑姨心安"的字样。老师想：这饮料是不是太懂得天下父母心了！

点评

国内的饮料企业竞争激烈这是大家都有目共睹的。超市里面琳琅满目的饮料总会让人应接不暇。无论是大品牌企业还是小品牌企业，都在积极动脑不断在生产和营销上放新招，想办法获得消费者的青睐，尤其是年轻的目标消费群体。后来很多品牌都实施了这样的做法，热词也从关键词发展到关键词组，甚至关键句。

关键词的过滤过程就是一个大数据分析的过程，在网络社交平台上，每年的热词数量都会数以亿计，通过对比分析从中筛选出符合自己品牌形象的关键词，是需要一个极大的数据运算过程的：收集数据—清理数据—数据入库—找到有质量的用户信息—与用户互动。这是一个复杂的过程。

前面二逗拿的伊利每益添自然也属于这个创意的范畴。当然，对于这样的内容，很多人会认为这是社会化营销的经典案例，是基于社会化媒体的力量完成了销售量提升的奇迹；但也有人表示在推出“昵称瓶”后，自己反而对购买此类产品产生了抗拒心理。

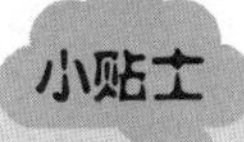

小贴士

可口可乐昵称瓶

2013年，可口可乐公司就积极与大数据公司合作，运用大数据分析技术，捕捉媒体和网络上使用最多的热门关键词和关键句，并将这些关键词句印在饮料包装瓶上。果然，这些印着热词的包装引起了顾客的共鸣，吸引了很多消费者，产品的销量随之增加，这个创意被称为“可口可乐昵称瓶”。2013年10月，该创意荣获了广告大奖——中国艾菲奖（EFFIE AWARDS，大中华区）大奖。

2. 网购后的抱怨

“今天早上，我在淘宝上搜餐具，现在一打开网页，出来的全是刀、叉、碗、筷的信息……”

“我在京东上就只是查找了一下染发剂，于是京东的网页就天天出现推送染发剂的信息。”

“半个月前，我在天猫上买了一个微波炉，现在满屏都是各种品牌的微波炉，如果我没买也就罢了，可是我已经买了，都已经使用了，为什么网页还在推送呢？”

“前段时间，我在天猫上买了一条长裙，天啊，那之后，到处都给我推荐长裙，微博、头条号、腾讯都是。这还不够，最主要的是这些也不是我喜欢的款式和花色啊！”

生活中类似的抱怨几乎每个人都会遇到。这些抱怨几乎涉及各种大小电商。同时，各种抱怨中集中暴露出一个共同的话题：大数据精准营销的重要性。如果大数据营销不能够有效地提升精确性，那么就会

大大降低用户的满意度体验，甚至让客户产生厌烦情绪和后悔情绪。

造成上述现象的原因就是，电商没有搜集到顾客足够的行为数据，从而盲目推荐，在一定程度上误判了顾客需求，未能实现向顾客的精准营销。

个性化推荐系统

随着电子商务规模的不断扩大，商品个数和种类快速增长，顾客需要花费大量的时间才能找到自己想买的商品，这种浏览大量无关的信息和产品的过程无疑会使淹没在信息过载问题中的消费者不断流失。为了解决这些问题，个性化推荐系统应运而生。个性化推荐是根据用户的浏览、搜索、购买等行为以及用户的年龄等属性，帮助用户找到他们喜欢或者需要购买的商品，是互联网和电子商务发展的产物。

3. 亚马逊："胸有成书"

小李是一位大学老师，在大学里主要讲授新闻专业课程。一天，她和同事专门去听了洪俊浩老师在他们学校举办的讲座。听完之后，她感触颇深，一回到办公室就开始在亚马逊上搜索洪俊浩老师的书籍准备购买，当她在亚马逊购买了《传播学趋势》一书后，在她的付款账单后，又发现了下面两个内容（推送）：一是经常一起购买的商品，里面出现了一些其他顾客在购买这本书时也购买的书籍；二是购买此商品的顾客也同时购买的其他领域的一些书籍。于是，她又看了半天，最终又从这一系列书单中选择了2本书籍购买，之后，她不禁思索道："亚马逊是怎么知道我想购买什么书呢？又是怎么知道我以往都买过什么书籍呢？这实在是太神奇了。”

点评

大数据中的预测功能通常被视为人工智能的一部分，也可以说是机器学习的一种。但大数据并不是让机器像人一样思考，它是把数学算法运用到海量信息处理上，从而预测事情发生的可能性。比如生活中，垃圾邮件可以过滤掉，手机上的垃圾短信可以标注，微信中不喜欢的人可以拉黑……都是通过这样的预测实现的。亚马逊的推荐系统，一方面采用了“基于物品”的推荐算法，即为用户推荐那些相似于他们过去所喜欢过的物品；另一方面采用了“基于好友”的推荐算法——好友所喜欢过的东西。像小李这样的用户在购买商品的时候，亚马逊会告诉用户其他人在购买该商品时也会购买的其他几种商品，以实现打包营销的目的。亚马逊的这一“打包销售”手段，堪称推荐算法的最重要应用，并被推而广之地内化为电子商务网站的标准应用。亚马逊通过其成熟的推荐系统，给予每个进入网站的浏览者以不同的个性化体验，从而把一个庞大的图书帝国，拆分成一个个精而美的个人书店，满足了许多用户的个性化需求。

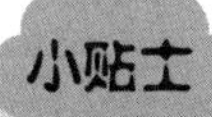

亚马逊的个性化推荐

亚马逊的个性化推荐服务的算法数据包含多种信息，例如，在向用户推荐商品前，要分析其以往的购物历史、浏览历史、购买历史相似的其他用户所购买的商品等。并且由这些数据所进行的个性化推荐服务不仅服务于顾客，电商也会收到来自亚马逊的许多建议，例如向他们推荐库存中可以加入的新产品、分析销售量和库存量解决库存管理问题等。这些建议，使得亚马逊和销售商实现了共赢。

作为电商巨头的鼻祖，亚马逊依靠自己庞大的大数据，多年来在电商界保持着领先的地位。

4. 高中生怀孕预测

2012年2月16日，《纽约时报》刊登了Charles Duhigg撰写的一篇题为《这些公司是如何知道您的秘密的》的文章，文中介绍了这样一个故事。

一天，一位男性顾客怒气冲冲地来到一家折扣连锁店Target（中文译作“塔吉特”），向经理投诉，因为该店竟然给他还在读高中的女儿，邮寄婴儿服装和孕妇服装的优惠券。

但随后，这位父亲与女儿进一步沟通发现，自己的女儿真的已经怀孕了。于是，几天过后，经理打电话给这位父亲道歉时，这个男子的语气已经是180度大转弯——变得极其平和，他说：“我已经和我女儿谈过了，她的预产期是8月份，之前完全没有意识到这个事情的发生，应该说抱歉的人是我。”

点评

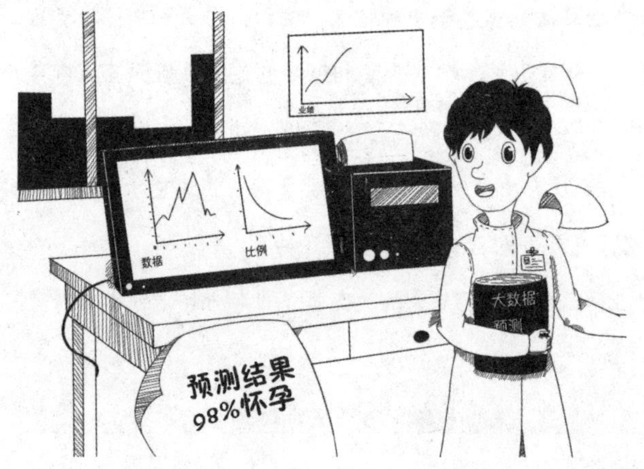

大数据是什么？如今很多人都在用大数据说事，但是要是问到大数据究竟是什么，估计没有几个人能够说清楚。那么我们就通过Target，首先来看看大数据是如何收集信息的。

Target是一家美国折扣零售连锁店，在销售方面，他们的大数据分析不仅开始得比较早，更重要的是他们在零售业中把数据分析做到了极致。只要你到Target购物，它的大数据系统会给每一位顾客一个可以优惠的ID号。刷信用卡、使用优惠券、填写调查问卷、邮寄提货单、打客服电话、看广告邮件、访问官网……所有的行为都会记录进你的ID号。而且，这个ID号还会对号入座记录下你的人口统计信息，包括年龄、婚否、住址、常访问的网站等，Target还会从其他相关机构购买到你的其他信息，如种族、就业史、喜欢读的书以及求学、购房、阅读习惯等。乍一看，这些碎片化的信息毫无意义，但是一旦进入顾客数据分析部手里，这些貌似无用的数据便爆发了前所未有的力量。

Target所收集的顾客的海量信息，超越了传统的存储方式和数据库管理工具的功能范围，必须用到大数据存储、搜索、分析和可视化技术（比如云计算），才能挖掘出巨大的商业价值。

上述故事中，Target之所以能够精准地给怀孕的女孩推送相应的妇婴产品优惠券，主要的方法就是收集到可以收集的所有数据，然后通过相关关系

分析得出事实的真相。具体的做法就是首先在公司送出的婴儿礼物登记簿上查阅女性的消费记录，Target的分析团队注意到：登记簿上的女性顾客会在怀孕大约3个月的时候买很多无香乳液，再过几个月，她们会买一些营养品，比如镁、钙、锌。公司最终找出了20多种关联物，这些关联物可以给顾客进行“怀孕趋势”评分。这些相关关系甚至使得零售商能够比较准确地预测孕妇的预产期，这样就能在孕期的每个阶段给客户寄送相应的优惠券，这才是Target的目的。所以上面的故事中父亲对女儿怀孕尚不知情的时候，Target已经捷足先登掌握了她女儿怀孕的消息，这完全是源于背后的缜密的数据分析。

Target

1962年，第一个Target在美国明尼苏达州成立。该商店是美国第一家提出打折这一概念的商店。20世纪70年代，Target通过对店内的商品进行电子现金登记的方法来管理库存货物，提高了为客户服务的工作效率，同时，公司开始为老人和残疾人举办一年一度的购物节。80年代，Target的规模不断壮大，又增开了很多家零售商店。90年代，Target成立了第一家Target Greatland store。1995年，这家商店改为新婚礼品店；同年，Target开办第一家塔吉特超级市场，同时，公司又推出信用卡服务项目。

5. 气候与洗发水

居住在美国波士顿的艾米丽准备周末和朋友一起去露营，出发的前一天，艾米丽用手机登录了Weather.com（天气网站），查看了第二天的天气情况。就在艾米丽要关闭网站的时候，在天气预报旁边的潘婷柔顺洗发水广告引起了她的注意。这几天，因为波士顿炎热而潮湿的天气，艾米丽感觉自己的头发很毛燥，她正打算换一款柔顺型的洗发水，没想到这个天气网站居然这么“懂她”。艾米丽点击广告详细了解产品后，不仅获得了产品优惠券还知道了离她最近的销售点在哪里，艾米丽觉得这种高度精准的广告很神奇。

据了解，宝洁公司会根据天气预报公司Weather Co的特定数据，结合位置和天气数据，来投放不同产品的广告，比如在高温湿热的地区头发易毛燥，就会推送柔顺类产品广告，而在低湿度的地区头发会变得没有弹性，所以会投放富有弹性配方的洗发水广告。

点评

气候影响着我们生活的方方面面，无论是生产劳动、交通运输还是城市建设，都需要天气来进行指导，就连我们日常出行前，都会打开天气预报来了解一下当天的天气状况，由此可见天气预测的重要性。同样，天气也会影响零售经济，铃木敏文在《7-eleven零售圣经》一书中提到：“必须以当天天气顾客会想买何种商品之消费心理为思考对策的大前提。”在许多销售门店，店里都配有一名天气录制员，他的工作就是把每天的天气情况记录在服务器上，这样做的目的就是希望能够通过对天气情况和经营情况的关联

分析，来得知不同的天气对门店销售额、客单价、客品数及单价的影响，以便门店能够根据天气的情况做出不同促销处理或者为顾客提供不同的服务方案。

文中提到的天气预报公司Weather Co积累了近百年的气象信息，包括北美等地区的天气、露点、云量等各方面的大量数据。如今Weather Co不仅仅提供天气预报，同时也投身数据挖掘算法的研究，根据人们查看天气的时间、地点和频次等情况预测他们的消费行为，利用这类分析来吸引想要提高广告投放精准度的广告主。

小贴士

中国气象局的共享数据

在中国气象局官网（http://www.cma.gov.cn/）中，个人、企业都可以免费获得自己想要的气象数据。在网站信息公开菜单栏下的数据开放标签中，涵盖了地面、高空、海洋等各类的气象数据。如果用户想要查询中国高空气象站定时值观测资料，只需实名注册，就可以获得自己需要的气象数据。这些数据是国家气象信息中心通过国内通信系统获取的，国内89个探空观测站点为通信系统提供信息，而这些信息中包含位势高度、温度、露点温度、风向、风速等观测数据。

6. “趣多多”教你玩转愚人节

2013年4月1日愚人节，小新早早地起床打开了电脑，在网上搜索愚人节的各种整人方式，准备现学现用去整整老是虐自己的舍友们。正当他在百度

上搜得热火朝天时，搜索页面上突然出现了一条标题为《球迷建议国足主场搬拉萨》的新闻，平日里是国足球迷的他立马惊呆了，不禁脱口而出：“不是吧，要是真搬到拉萨可怎么去看球啊，路途也太遥远了吧。”接着他赶紧滑动鼠标往搜索内容下方看，想看看评论都是怎么说的，结果接下来的一句话又让他瞬间石化了——“别太当真，只是趣多多。”小新这才反应过来，原来这是一个玩笑啊。了解了事情的来龙去脉后，小新不禁感慨道：“我还想整别人呢，结果被‘趣多多’摆了一道，城市套路太深了，我要回农村。”

点评

2013年愚人节期间，“趣多多”发起了一系列数字宣传活动，用幽默的力量为大家消解压力、带来好心情。这场营销活动创造了6亿多次页面浏览并影响到近1500万独立用户，品牌被提及的次数增长了270%。可以说这是一次成功的大数据品牌营销活动。那么“趣多多”是如何成功地策划与举办了这场营销活动的？实际上，“趣多多”在这场营销活动中，积极运用了大数据技术，推动了营销活动的顺利进行。

1.利用社交大数据的敏锐洞察力，“趣多多”精准锁定了以18～30岁的年轻人为主流消费群体；

2.“趣多多”聚焦于年轻人乐于并习惯使用的主流社交媒体和网络平

台，如新浪微博、腾讯微博、百度大搜、社交移动App以及优酷视频等；

3.在愚人节当日"趣多多"进行全天集中性投放广告，围绕品牌的口号展开话题，全面而广泛地与用户沟通，让品牌在最佳时机亮相，使目标受众在当天能得到有趣的体验；

4."趣多多"联合《今晚80后》脱口秀，将"趣多多"以"有趣"为主题的品牌定位进一步加以强化。

总之，在互联网时代，许多企业进行营销活动时都积极运用大数据，通过大数据技术制定更精准的营销方案，从而提高营销效率、改善营销效果。

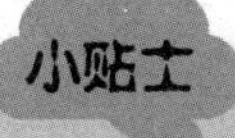

大数据营销

大数据营销是基于多平台（从硬件平台上来看，有PC平台、手机端平台等；从操作系统软件平台来看，有Windows、Mac OS、Android、IOS等）的大量数据，依托在大数据技术（如大数据技术的分析与预测能力）的基础上，应用于互联网广告行业的营销方式。大数据营销能够使广告投放更加精准，给企业带来更高的投资回报率。简单来说，在这种营销模式中，商家可以依赖某个大的数据营销平台，这些平台根据从用户那里收集的数据，包括用户在上网时搜索过的商品、关键词等，从而掌握用户的需求信息，进而实现对用户的精准营销。

第八类：

营销与大数据

中国的电商需要的不是简单的O2O（即Online To Offline，线上到线下）模式，而是对整个销售渠道的改进，包括实体店、电视购物、邮购、电子商务、手机商务等。同时在交付手段上，也可以实现店内物流、小件物流、集团物流等多样化的交付模式。

——杨炯纬（《大数据时代的营销变革》）

1. 啤酒与纸尿裤

“丹尼尔，我们的小宝贝Anna和Anne的纸尿裤要用完了，下班后记得去沃尔玛买点纸尿裤回家啊。”

“知道了，亲爱的。”丹尼尔在电话中对妻子赛琳娜说道。

下班后，奶爸丹尼尔开车前往沃尔玛超市采购，当他走到摆有纸尿裤的货架前采购完尿布后，一回头，看到自己最喜爱的啤酒就在一旁。“太好了，天气这么热，正好买几罐啤酒回去降降火。”丹尼尔一边呢喃一边往购物车里放了好多罐啤酒。

回到家，他对着妻子赛琳娜说：“亲爱的，沃尔玛超市也太人性化了吧，怎么知道我们这些奶爸们买纸尿裤的时候还想买些啤酒喝的？”

妻子赛琳娜看着老公一脸满足的样子，不禁笑道:“也许人家早就知道了你们这些奶爸们最爱这样购物了。”

“Oh，so amazing，以后购物的任务就交给我吧，买东西可一点都不费劲啊。”丹尼尔拍拍胸脯对妻子说道。

点评

“啤酒+纸尿裤”的数据分析成果早已成了大数据技术应用的经典案例，被人们津津乐道着。那么这种关联性又是怎么建立起来的呢？2004年，沃尔玛对过去的交易进行了一个庞大的数据库信息收集——能够跨越多个渠道收集最详细的顾客信息，并且能够造就灵活、高速的供应链信息系统。沃尔玛

数据库信息的主要特点是投入大、功能全、速度快、智能化和全球网联。这个数据库记录的数据不仅包括每一位顾客的购物清单以及消费额，还包括购物篮中的物品、具体购买时间。

与上述“啤酒+纸尿裤”有异曲同工之妙的商品摆放还有著名的“飓风用品与蛋挞”。在沃尔玛超市消费的数据中，公司注意到，每当在季节性飓风来临之前，不仅手电筒的销售量会增加，蛋挞的销量也会增加。因此，每当季节性风暴来临时，沃尔玛就会把蛋挞放在靠近飓风用品的位置，当然，这一改变也增加了销量。

目前，沃尔玛使用的大多数系统，均已在中国得到充分的应用和发展。我们在超市购物的体验中，总会发现一些商品的搭配销售。比如，在儿童服装区，会看到货架旁边的一些小玩具、儿童使用的日用品；在超市出口的结账区，会看到电池、口香糖、湿巾等摆放在一起。通过这样的商品摆放方式强化顾客的购买欲望，从而增加超市的收益。

小贴士

大数据营销的意义

1．大数据营销让一切营销与消费行为皆数据化；

2．大数据营销让社交网络平台更具价值；

3．大数据营销让购买行为日益程序化；

4．大数据营销让线上线下加速整合；

5. 大数据营销缔造了一种充满智慧的“数字生态环境”。

2. 小米手机的饥饿营销

“准备好啊，倒计时3，2，1！抢！”话音刚落，冯南便疯狂地点击着鼠标。可是没到5秒，就把鼠标摔在了桌子上，气愤地说：“又没抢上！”舍友佳旭说：“我刚看了，库存只有60件，全国的‘米粉’可都在抢，就咱学校这网速根本没戏。”“都抢一个月了，我就想换个小米6，有这么难吗？”冯南问。看着他难过的样子，佳旭忙说：“天猫旗舰店有加价购，要不你去那买吧。”“你以为我不想啊，但我一个穷学生，哪有那么多闲钱啊？”冯南若有所思地回答。“都说小米手机比春运火车票还难买，你就熬着吧，说不定小米7上市了，你就能买到小米6了。”听佳旭这么说，冯南怅然若失地说道：“小米小米，爱你不易，费时费力，热情耗尽。”

点评

小米手机自2011年上市以来，每一款热销的型号都供不应求。小米手机以其高品质、低价格获得了用户的好评，在国内打出了市场。但是小米手机的抢购模式却让很多“米粉”伤了心。

小米的MIUI系统是基于安卓系统所研发的，所以在最初，小米在网上搜集了所有关于用户对安卓系统不满的信息，进行大数据分析，找出共性，进行改进。此外，小米还在论坛、微博、微信等网络平台上，与用户交流，获得反馈。这也就使“米粉”获得了更多的参与感与满足感，对品牌有了更高的忠实度，从而达成了消费。但是，买过小米手机的人都知道，小米手机可不是有钱就能买到的。小米不同于传统的手机销售模式，既没有经销商，也没有专卖店，其销售渠道就是线上销售。不知道真是因为产能不足，还是产品有意炒作，小米手机的热门型号总也抢不到，这也就有意无意间成就了小米的“饥饿营销”。正如歌中所唱的“得不到的永远在骚动”，小米通过“饥饿营销”能够抓住消费者的这种心理，从而引发消费者的追捧。

小贴士

小米社区官方论坛

2014年时，小米论坛就有超过2000万注册用户，用户总发帖量超过2亿条。之后几年，注册用户和发帖量不断增加。大量的用户反馈、建议能够让小米更加了解用户的意图。

当用户提交信息时，小米论坛会引导用户将相同类别的意见集中在一起。当用户是同一需求时，能直接表达“我也需要这个功能”。经过用户信息的不断反馈，小米论坛会自动将单一需求量特别大的帖子排在前面，由此生成多数用户需求的功能或建议。随后，小米对这一议题进行回复，而不用一一回复，这就是大数据分类的力量。为了获得最精准的数据，小米要求员工直接面对用户，让工程师泡论坛、刷微博，让员工泡在大数据里，泡在用户堆里，以此来提升用户的参与感，鼓励论坛用户积极反馈。这些做法都能让小米利用大数据对用户进行更好的细分定位。

3. 大悦城的“购物篮”计划

“小红，下班一起去大悦城逛街吧。”即将下班的小田向小红发出了逛街的邀请。“不去了，逛街太累人了，东西那么多，看得我眼花缭乱，都不知道应该买点什么需要的。”听到小红这样说，小田随之从包里掏出一张会员卡放在办公桌上，说道：“那你应该办张会员卡呀！”看着小红疑惑不解的眼神，小田解释道：“现在大悦城推出了‘购物篮’计划，只要你是大悦城的会员，大悦城都会根据你以往的消费习惯和消费行为向你推荐近段时间内你可能感兴趣的商品，还有优惠券，这不，购物中心刚给我发了一张我心仪已久的商品的优惠券，所以我下班要赶紧去把它买回家。”“天哪，这也太方便了吧，省去咱们这些上班族多少的购物时间呀，走走走，赶紧带我去办张大悦城会员卡去。”小红说。

点评

“无数据，不管理!”利用数据进行精细化运营管理是购物中心长久以来的生存之道。未来的商业竞争，业态容易照搬、商家品牌可以分享、推广活

动没有什么难度，真正学不来的是数据的处理、分析和挖掘。大悦城的“购物篮”精准化营销计划可以说是充分应用了大数据。大悦城每月会根据顾客会员卡使用情况，收集顾客消费额、购买商品差异等情况的信息，通过数据分析系统得出会员的消费习惯，从而在某一时间向会员推送商品优惠券、品牌打折等信息，从而实现对会员的精准化营销。

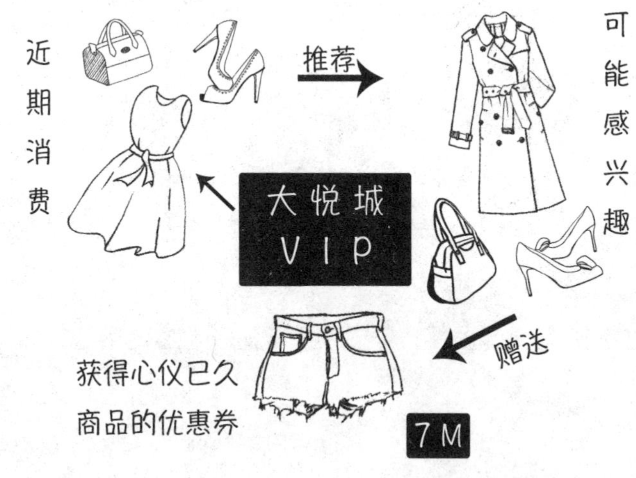

大悦城将会员分为20多个等级，针对会员等级的不同推送与之相应的购物信息。大悦城的“综合云数据中心”利用收集到的数据为顾客提供精确的个性化营销，管理层通过数据中心及时掌握商家的销售情况以及市场情况，从而更好地管理整个商场。通过数据分析，不断提升用户体验，通过提供免费的Wi-Fi服务，将微信、微博、App连接成一个整体等，增加消费者的店内购物体验和购买转换率，让购物中心的全渠道零售管理逐渐从梦想成为可能。

大悦城（JOY CITY）的由来

大悦城品牌源于中粮集团总裁宁高宁与国学学者文怀沙、欧阳中石、刘先银等一次小聚得到的启发。作为孔子故乡人士，夜读《论语》，读到“近者悦，远者来”时，忽然有了灵感，将“大悦城”释义为“创造喜悦和欢乐，使周围的人感到愉快，并吸引远道而来的客人”。

作为中国十大购物中心品牌之一的大悦城，是以18～35岁新兴中产阶级为主力市场，以年轻、时尚、潮流、品位为特征，以购物中心为主体，集公寓住宅、甲级写字楼、酒店等多业态为一体的全服务链城市综合体。

目前，大悦城遍及北京、天津、上海、成都、沈阳等地，已逐渐成为高品质城市生活的新标志。

4. 京东送货不用人

小李是中国人民大学的一名学生。“6·18”京东购物节这一天，他在京东上选购了心仪已久的商品，商品是从华北物流中心发出的。不久，他便收

到了取件通知短信，但他却发现这个短信与以往收到的有些不同。短信内容是这样的：“［京东］李先生/女士，我是京东的智能配送车［zx002］，已经顺利抵达［3号学生公寓］……”小李看后，不免有些疑惑，便急忙前往取货地点。到达取货地点后，小李并没有看见快递员，取而代之的是一个配送机器人，他按照短信提示内容顺利完成取件后，心中不禁感叹：竟然还有这种操作！

点评

2017年“6·18”期间，京东无人机、无人车、无人仓等都投入实际的运营。也许小李并不知道，他的包裹在华北物流中心仓库时，同样是由这些智能机器人分拣、投寄出来的。在无人仓里，通过人工智能、深度学习、图像智能识别、大数据应用等诸多先进技术，让智能搬运机器人、分拣机器人、智能叉车等能主动识别要配送的商品，精准拣选。包裹到达京东配货站后，首先需要站内的配送人员将其放到相应的机器人的箱子内，然后将机器人放置到配送的起点位置，启动机器人。接着，机器人就会按照预先设定好的轨道行驶，并在距配送点100米位置时，发送短信给收货人。这些装备了人工智能的配送机器人，能够自行规划路线、规避障碍。在机器人到达配送地点后，收货人便可以在收到的短信中直接点击链接或者在配送机器人身上输入提货码，打开配送机器人的箱门，取走自己的包裹。

与前面的“铁臂医生”和钢琴机器人TEO一样，京东所使用的“三无”机器人也不是真正意义上的“人工智能”，只能说是高自动化程度的机器人。

京东的三“无”

1. 京东无人机

京东无人机于2015年年底开始研发，2016年在多个地区实现无人机配送试运营。2017年开始打造全球第一个低空无人机通航物流网，成为覆盖干线、支线、末端配送的三级物流体系，并已开始研发可载重数吨、飞行半径300千米以上的中大型无人机。

2. 京东无人车

2017年6月18日，京东无人车在中国人民大学顺利完成首单配送任务。京东无人车可配送重250千克左右、高度在1.5米左右的包裹，车身上有防雨雪措施和漏雨槽，以黑白色为主基调，雷达装置放在小车一端，360激光雷达呈现为蓝色警报装置设置在另一端，大致可以看到周围200米左右的距离，有4个摄像头用来识别障碍物。充电时间4小时，可以坚持80千米，一次性满负荷运作8个包裹，送完一批跑个来回需要20分钟，一天的工作量为192个包裹左右，已经超过了人工效率。

3. 京东无人仓

2016年10月26日，代表京东第三代物流技术的无人仓正式亮相，它实现了仓储系统从自动化到智能化的革命性突破。京东无人仓的横空出世，首次实现了智慧物流的完整场景，成为目前全球最先进的物流技术落地应用。京东为传统工业机器人赋予了智慧，改变了整个物流仓储生产模式的格局。目前京东无人仓的储存效率是传统横梁货架存储效率的10倍以上，并联机器人的拣选速度可达3600次/小时，相当于传统人工的5~6倍。

5. PRADA试衣间

在纽约第五大道最大的PRADA旗舰店内，Grace挑选了一件自己喜欢的长裙走进了试衣间。当她走近试衣间时，突然惊喜地发现，试衣间里的智能屏幕开始播放模特走T台的视频，而这位模特穿着的衣服正是自己手中的同款长裙。不过，Grace不会想到的是，她正在参与一场商业决策。原来，PRADA的每件衣服都被植入了RFID标签，这是一种类似于超市条形码的非接触式的自动识别技术，当Grace走到试衣间的智能屏幕前，RFID芯片就会自动被识别，屏幕就会开始播放这条长裙的走秀视频。更重要的是，这条长裙被拿进试衣间多少次、每次停留多长时间、最终是否被购买等信息，都会通过RFID标签进行收集并传回PRADA总部，加以分析和利用。如果说RFID传回的数据显示这件衣服虽然销量低，但进试衣间的次数多，经理就会将收集到的顾客反馈信息，类似于“我不喜欢这个口袋上的纽扣”，这些细枝末节的信息传递给总部，由总部做出决策是否改变产品样式，也许不出几日就会重新创造出一件非常流行的产品。

点评

据悉，PRADA试衣间的这项应用在提升消费者购物体验的基础上，还帮助PRADA提升了30%以上的销售量。试想一下，当你看到自己中意的衣服正在被模特穿在身上走秀时，你的心里是否很有成就感和满足感呢？无独有偶，在服装产业，像这样利用大数据改善产品流程，做得最好的当属全球排名第一的服装零售集团ZARA。ZARA的每一个门店经理都随身带着PDA（用来读取RFID标签的设备），每天收集海量的顾客意见，通过ZARA内部全球资讯网络，每天至少2次将资讯传递给总部设计人员，再由总部决策修改后立刻传送到生产线，完善产品样式。同时，ZARA的销售人员会每天结算、盘点货品上下架的情况，统计客人购买与退货率，再结合柜台现金资料，由交易系统做出当日成交分析报告，分析当日产品的热销排名，然后，数据直达ZARA仓储系统，做出最佳生产销售决策，大大降低存货率。

小贴士

ZARA的秘密

ZARA和H&M同属fast fashion品牌，但H&M的成效却不明显，两者差距愈拉愈大，这是为什么呢？主要原因是，大数据最重要的功能是缩短生产时间，让生产端依照顾客意见能于第一时间迅速修正。但是，H&M内部的管理流程却无法支撑大数据供应的庞大资讯。在H&M的供应链中，从打版到出货，需要3个月左右，而ZARA只需要2周。这是由于ZARA设计生产近半维持在西班牙国内，而H&M产地分散在亚洲、中南美洲各地。跨国沟通的时间拉长了生产的时间成本。如此一来，大数据即使当天反映了顾客意见，也无法立即改善。资讯和生产分离的结果，让H&M内部的大数据系统功效受到限制。

可见，大数据运营要成功，关键是资讯系统要能与决策流程紧密结合，迅速对消费者的需求做出回应、修正，并且立刻执行决策。

6. 华为Mate 10 pro

“阿宝，你看什么呢？上班时间开小差！”芳芳逮到正在看手机视频的阿宝打趣道。

“嘘！我在看华为Mate10国行发布会啊。”

“所以你是要打算买这款华为Mate 10手机吗？”

“Mate 10系列这次最大的亮点就在于拍照以及随行翻译。Mate 10在拍摄过程中能够实时分析拍摄场景，智能识别13种场景，可针对不同的场景进行自动调校和参数设置。比如在拍摄动物时，可通过大量的主动学习来自动识别拍摄的动物，并能够自动切换相应的拍摄模式，从而获得最佳的拍摄效果。直接识图翻译也比以往更快。不过更令我心动的是Mate 10 pro。”

“Mate 10 pro有什么更出色的功能吗？”看着阿宝故弄玄虚的脸，芳芳好奇心大增。

“因为Mate 10 Pro更漂亮啊！喂，芳芳你干吗去？”阿宝看着转头走掉的芳芳问道。

“赶紧去官网上预订一个Mate 10啊，要不抢没了怎么办？”

阿宝只得感叹道：“科技果然是第一生产力啊！”

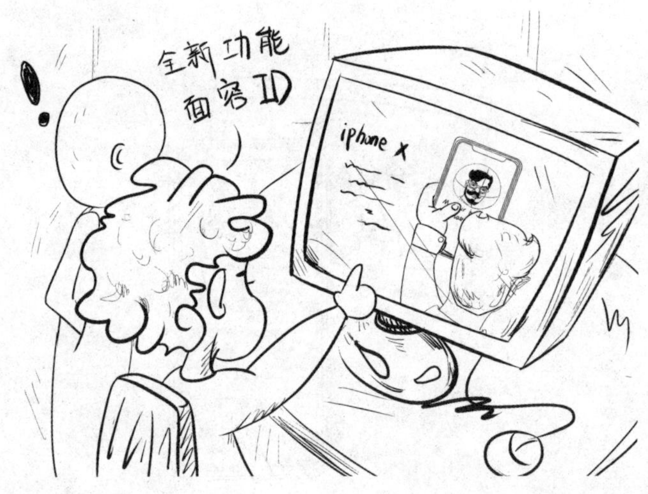

2017年的智能手机大战可谓是精彩纷呈。例如，iPhone X的Face ID是通过原深感摄像头向用户的脸投射超过 3万个肉眼不可见的光点，并对它们进行分析，为用户的脸部绘制精确细致的深度图。它还可以检测用户眼球是否在注视手机的显示屏。这可谓是iPhone X最大亮点。但是iPhone X接近万元的价格也是令人咂舌，而华为Mate10系列采用极致全面屏、人工智能技术、徕卡双摄等，在配置、拍照性能方面都表现不俗，性价比之高非常有诱惑力。除此之外，有更高需求的朋友还可以考虑Mate 10 Pro，其防水级别达到了IP67，意味着可在1米深的水中浸泡30分钟。Mate 10 Pro的屏幕尺寸略大，比例为18：9，并且配备了OLED屏幕，拥有更高的对比度，更是满足了很多朋友对手机外观的追求。

OLED

OLED全英文为Organic Light Emitting Display，即有机发光显示器。OLED显示技术与传统的LCD显示方式不同，无须背光灯，而是采用非常薄的有机材料涂层和玻璃基板，当有电流通过时，这些有机材料就会发光。OLED在与LCD显示屏的对决中，不外乎“超薄、省电、广色域、高对比、广视角”这5个优点，但落实在性价比上，OLED还是难以取代LCD的。事实上，OLED的可挠式（Flexible）和反应速度才是它被iPhone X垂涎已久的原因，OLED 材料由有机分子堆栈构成连续性薄膜，每层薄膜厚度不到 0.0001厘米 ，柔软可弯曲，再加上OLED的高反应速度、低视觉暂留，微秒间可以完成亮暗切换才是OLEO战胜LCD的关键所在。

7. 无人超市

小乐生活在天津市滨海区，2017年国庆期间，天津首家无人超市在滨海福地广场正式营业，小乐兴奋不已，准备去逛一逛。

在进入无人超市前，小乐用微信扫描了门上的二维码，进入公众号并关注，按照页面要求完成了注册后再次扫描，便进入了无人超市。从注册到扫码开门不到30秒，可以说是相当高效。

在进入无人超市后，小乐看到超市面积虽小，商品却琳琅满目，日用品、文化用品、各类零食、各种饮品一应俱全。在选购了一瓶苏打水后，小乐将商品拿到结账台的商品识别区，电脑系统自动显示商品名称以及单价3.5元。他用手机扫描电脑上的微信二维码，就可以使用微信进行支付了。小乐完成支付后，拿着商品走到门口，超市的门就会自动打开。小乐看到墙上还有标识，如果客人没有购买商品，在门口处扫描一下“无购物扫一扫”标签就可以离开。整个环节体验下来，小乐高兴极了，日后在给朋友讲述无人超市的购物体验时总是说：“进了超市，拿了东西就走。”

点评

2017年7月，“无人超市开业”这则消息刷爆了朋友圈，有许多人都提出了质疑：在无人超市购物能保证秩序吗？能保证诚信购物吗？能清楚地知道消费者的需求吗？其实，有些人之所以感觉到恐慌，是因为他们没有感受到大数据的强大。对于传统的零售业来说，其销售渠道在一定程度上都存在着弊端，有时并不能够真正了解用户的需求，而以无人超市为代表的自助销售终端具备与用户接触并获取相关数据的能力，这些数据的获得都是实时且有效的。无人零售，其实就是建立在大数据基础上的物品售卖，通过对消费者在超市中的各种数据进行收集，来了解哪个货架停留的时间最长、哪个货架最受欢迎等信息，这些数据为其更好地服务于顾客打下了基础。同时，无人超市有一套建立在大数据和人工智能下的复杂的生物特征自主感知系统，即使用户不看镜头，超市也能精准地捕捉到顾客的生物特征，比如，你拿到某一样商品时的表情和肢体语言都可能会被记录下来，帮助商家判断此款商品是不是让人满意，并由此改善他们的库存计划。从顾客进入超市到离开超

市的过程中，人脸识别、360度无死角监控、消费行为的大数据采集分析技术等，顾客所有的行为轨迹都将数字化、被捕捉和记录。这些高科技手段将一个小小的无人便利店变成了对消费者消费行为进行科学实验的“实景实验室”。

现在，许多人都在担心未来无人超市与大数据的紧密结合，会不会让零售业无商可做，好多人面临失业。马云在2017年的网商大会上说：“阿里巴巴的无人超市，我自己这么觉得的，阿里巴巴不是说要把它推向社会，不是说让所有的商店都没有人，这只是我们给业界的一些信号、一些震撼、一些思考、一些灵感。比如这次的无人超市，会让国内大多数零售行业去反思、去思考。所以这才是阿里巴巴的作用，只是这些东西出来了，而不是我们要做这些事，我们主要是想唤醒零售行业，你必须要和智慧、智能结合在一起，你才会有好未来!”

目前除了马云的无人超市之外，2017年10月17日，京东为“双11”全球购物节预热造势，一口气发布了2个无人店——京东无人便利店和京东X无人超市，加上2016年年底在亚马逊总部开业内部测试的Amazon Go无人超市，国内外三大电商对线下店改造的“无人超市”已悉数到齐。

无人超市的运作原理

无人超市综合利用了人工智能、图像识别、射频感应扫描、大数据、云计算、计算机软件等技术，把支付系统集成到门禁系统，把货物软件与支付系统捆绑，如微信、支付宝，进行支付，利用监控系统和人脸系统来保证购物安全；货架区则是用视频信息捕捉来优化运营，帮助结算。利用信用系统约束人们的购买行为，从而进行商业化的运营。

8. 个性化推送的就餐单

“小亮，咱们公司对面开了一家新餐厅，我惦记好久了，咱们中午去尝尝，我请客。”同事阿国将文件递给小亮时说道。

“好啊，那我赶紧把手头上的工作做完。”小亮说。

结果中午小亮刚准备起身出门，经理却让他核对一下财务报表，小亮只好让阿国他们先去。忙完工作后的小亮到达餐厅时，因为已经过了用餐高峰期，所以小亮没怎么排队，他按照菜单的显示点了一份自己喜欢吃的菜肴。等他吃完回到公司后，便和阿国谈论起了这家新餐厅的用餐感受，结果谈着谈着小亮发现自己和阿国所见到的菜单并不相同，菜肴的价格也有所不同。小亮心中很是疑惑，以为是自己晚到一小时，之前阿国所点的食物已经售完，所以才会有所不同。第二天，小亮和阿国又相约去这家新开的餐厅吃饭，结果他俩发现快餐店菜单上的菜肴都是他们昨天没看到过的。小亮不禁猜测：“这会不会是餐厅为了吸引我们这些顾客所采取的促销手段啊？”

点评

其实上文中小亮和阿国见到的情况并不是快餐店的促销手段，而是快餐店通过电脑实时对顾客等候队列长度进行数据收集与分析后，自动匹配、调整了电子菜单所显示的内容。若遇到顾客等候的队列较长的情况时，显示的食物多是些可以快速供给的；相反，队列较短时，显示的则是一些利润较高并且准备时间相对较长的食物。小亮前一天到达快餐店的时间比较晚，已过了就餐的高峰期，于是他点到了价格较高的菜肴；第二天小亮和阿国再去快餐店就餐时，既不同于前一天阿国去时的就餐高峰时间，也不同于昨天小亮较晚去就餐的时间，可以说是处于既不是长队列也不是短队列的情况，因此，快餐店为他们提供了一套利润和供给速度适中的食物。根据大数据的分析可为大多顾客提供符合就餐人数和等待时间的食物，满足顾客等待心理的同时也获得了销售利润，可以说是一举两得。

小贴士　数据分析

数据分析是指通过分析手段、方法和技巧对准备好的数据进行探索、分析，从中发现其中的相关关系，为商业目的提供决策参考。在实际应用中，数据分析可帮助人们做出判断，以便人们采取适当的行动。数据分析过程的主要活动由识别信息需求、收集数据、分析数据、评价并改进数据分析的有效性组成。在产品的整个寿命周期，包括从市场调研到售后服务和最终处置的各个过程，都需要适当运用数据分析，以提升有效性，因此数据分析有极广泛的应用范围。

第九类：

家居与大数据

智能家居是在互联网影响下的物联化的体现。智能家居通过物联网技术将家中的各种设备连接在一起，提供家电控制、照明控制、室内外遥控防盗报警，以及可编程定时控制等多种应用。

——［美］斯皮维（Dwight Spivey）

（《达人迷智能家居》）

1. 90后“程序猿”为父母打造智能家居

“天猫精灵，查一下我的快递到哪儿啦？”

“好的。来自中青旅旗舰店的快递消息：等待卖家发货。”

这是90后小孙打开家门后与他家的智能家居设备的第一个对话。

家住在北京广安门的小孙是一名“程序猿”，平时工作压力大，家里的父母身体不太好，干活也不太利索，为了让他们的生活更方便，他用了不到2周时间，为父母打造了一套“动口不动手”的智能家居：灯可以声控，窗帘可以自动打开，对着电视说话就能够调台……真有点像美国大片里的未来世界，就连7年前的老旧空调也能够听懂语音命令。智能家居的改造清单很简单，小孙在网上购买了天猫精灵、天猫魔盒 、博联黑豆、社亚电动窗帘DT360、小米智能家庭套装，还有2个博联智能插座spmini3，总共花费不到2000元。他还表示：“使用智能设备能让我的家更懂我。其实现在这个东西还是比较简单的，价格也比较优惠，购买渠道也很方便，所以有想法的朋友，就放手去做吧。”

小孙将天猫精灵作为整个智能家居的总控，控制所有的设备，天猫精灵接收到小孙及其家人的语音指令完成任务，比如配合天猫魔盒打开电视，播放想看的节目；通过博联黑豆，控制所有使用遥控开关的设备，比如完成打开或者关闭电动窗帘的指令；通过小米人体传感器设备，发现附近有人在走动，它就会传输信号给小米的中控，小米的中控就会传给博联智能插座，然后灯就会自动打开。其实这个设计很简单，它还可以连接App，用手机操作，躺在床上，不用说话动动手指就OK!

另外，智能家居还能做家庭裁判呢，小孙的妻子问天猫精灵："今天谁干活？"

"什么活？"

小孙的妻子偷笑着说："擦地。"

天猫精灵答道："好的，今天的活就让老公来好了。""判决书"已下，小孙摇着头拿着拖把就开始干活了。这么贴心的智能家居是不是让我们的生活更有趣了呢？

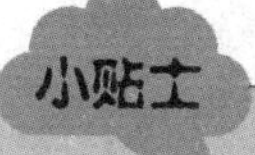

天猫精灵和天猫魔盒

2017年7月5日，阿里巴巴人工智能实验室（Alibaba A.I.Labs）发布了它的AI智能品牌天猫精灵（Tmall Genie），同天发布了天猫精灵首款硬件产品——AI智能语音终端设备天猫精灵X1。天猫精灵X1内置AliGenie操作系统，它能听懂中文普通话语音指令，可实现智能家居控制、语音购物、手机充值、叫外卖、音频播放等功能，带来人机交互新体验。依靠阿里云的机器学习技术和计算能力，AliGenie能够不断进化成长，了解使用者的喜好和习惯，成为人类的智能助手。

天猫魔盒是由阿里巴巴联合国内著名智能电视盒子厂商TCL、创维、珠海迈科电子共同打造的网络高清机顶盒。通过天猫魔盒，用户可在电视上免费观看高清电影、电视剧，玩体感游戏、热门大型3D游戏，网络购物，支付水电燃气费用等。天猫魔盒将人机交互由传统的PC、移动终端搬到客厅中，实现了未来数字家庭的高清互联概念。

2. 智能指纹锁

小西和佳佳是一对年轻的小夫妇，周末两个人逛完街准备回家时，却发现钥匙怎么也找不到了。

“你再仔细找找，是不是刚才拿钱包的时候掉出去了？”小西问。

“没有，掉在地上应该有声音啊，我可能真的落在家里了。”佳佳一边翻着包一边说。

“你看你，每天都丢三落四的，自从咱们搬到这个新家，你都丢过几次钥匙了？”小西不禁有些埋怨。

“现在说这些有什么用啊，赶紧去我妈家取备用钥匙吧。”佳佳说。

路上，小西看着佳佳低落的样子，于心不忍地说：“咱们家换个智能指纹锁吧，我们同事李果家就安了一个，出门不用带钥匙，挺方便的。”

“指纹锁多贵啊，以后我多注意点别丢三落四就好了。”佳佳小声说道。“最近咱们小区也出现了几次偷窃事件，为了安全考虑，换一个吧，正好以后老人来家里也方便，手机远程就能开门。”小西看着佳佳说，“现在倡导轻生活，空手出门，咱们也体验体验智能生活。”

听到这儿，佳佳伸出自己的手指说：“好啊好啊，以后它就是钥匙了，再也不用担心丢了，哈哈。”

点评

指纹锁刚出现的时候，价格近万元，让很多人都望而却步。近些年，指纹锁也开始逐渐走进寻常百姓家了。智能指纹锁是传统机械锁与电子、物联网、生物识别、互联网等新兴技术相结合的产物，使用指纹、密码等开启方式。很多人依然对指纹锁的安全性有所质疑，其实它的安全性还是很高的。现在国际标准指纹锁都采用的是活体指纹识别技术，硅胶指纹膜或其他假指纹都无法打开。有些智能指纹锁还具有自我学习的能力，随着开门次数的增多，能够快速准确地识别指纹。在使用密码开启时，指纹锁也设计了像虚伪密码这样的功能，即在正确密码前后输入任意数字开门，能够防止别人的偷窥。除此之外，智能指纹锁还具有语音报警、远程监控等功能。当有人试图通过技术、暴力开启门锁时，智能指纹锁将自动报警并且进行远程监控，其安全性大大高于机械锁。

小贴士

活体指纹识别

由于现在工作、生活中考勤机的普及，催生出了一种产品，就是通过指纹复制技术将自己的指纹复制到硅胶等材料制成的指纹套，用于打卡。这种假指纹虽然能够应对光学指纹识别技术，但活体识别技术却能识破它。活体指纹识别技术是以电容传感为原理基础，电子信号能够感应识别对象的生物特征，只对活体指纹进行识别。这样在考勤系统中，能有力地打击指纹套代打卡现象，维护企业正常的考勤秩序。

3. 懂得体贴人的冰箱

爱奇艺青春季大剧《我的前半生》因大牌云集、剧情紧凑、话题性广泛受到很多人的追捧，爱奇艺总播放量近45亿，最高单日播放量高达2.4亿，弹幕数量破88万，成为2017年国产剧现实题材的现象级大剧。在追剧的同时，有一则广告同样吸引了不少观众的眼球。

广告中，被誉为宇宙最强丈母娘的薛甄珠说：“它长得好，对你好，关键还听你的，对吧？它知道你喜欢什么，会过日子呀，看到什么快没有了，

哪有优惠呀，会马上告诉你的。你不会做饭，人家会教你的。有时候还可以给你来段音乐的，让你觉得很浪漫，你要想看电视剧的话，马上就给你找出来了。”小女儿子群说：“这样的男人对我多好呀。”

薛甄珠却说：“哎哟，我的傻女儿哟，你醒一醒好不啦，我说的是京东智能冰箱，你男人还不如这冰箱呢。”

这则“男人不如冰箱”的广告介绍的就是能够识别食材缺货补货、过期提醒以及提供菜谱的京东智能冰箱，如今的冰箱已经从“风冷无霜”“双变频”走进了智能冰箱时代。

京东智能冰箱从外观上来看只是比普通三开门冰箱多了一块10.1英寸的触控显示屏。

这款显示屏结合物联网技术，使用安卓操作系统，可以让用户通过屏幕上的推荐来购买各种食材，而且当京东有优惠活动时也会在屏幕上进行推送。

这款智能冰箱的主打功能就是食物管理系统。打开冰箱门可以看到两个摄像头，分别在冰箱内左侧和冰箱门左上角。这两个摄像头可以识别冰箱内的食材，然后反馈到冰箱屏幕和京东购App上，只需要打开京东购App就可以

直观地看到冰箱内部情况，随时补充食材。

摄像头还能识别鸡蛋的数量，当冰箱中的鸡蛋只剩一两个的时候，冰箱就会推送“鸡蛋快吃完了”的提示，并且还会推荐很多鸡蛋供用户选择。除此之外，食物的识别功能还能提醒冰箱中哪些食物快过期了。例如，当把牛奶放进冰箱的时候，摄像头就会识别出来牛奶的保质期是1周，这时，只需将7天的图标拖到牛奶图标上就可以完成食物闹钟，操作十分简捷。

智能冰箱的食材管理系统就像一位贴身管家，“他”让冰箱单纯的存储功能发生了改变，成了家庭的食物管理与健康中心。

物联网

物联网主要是通过信息传感设备，例如射频识别、红外感应器、GPS和激光扫描仪等设备，按照约定的协议，将物品与互联网连接，进行信息交换以及通信，来实现智能化识别、定位、跟踪、监控和管理的一种网络。

与互联网相比，物联网上装有大量不同类型的传感器，不同的传感器所获取的内容和信息格式也不相同，能够实时收集数据，并按一定的频率周期采集环境信息，进行数据更新。物联网的基础是互联网，通过各种有线和无线网络与互联网融合，将物体的信息实时准确地传递出去。物联网本身也具有智能处理的能力，能够对物体实

施智能控制，例如，通过传感器感知家居状况实现安防系统、电气化设备、门窗等自动控制的智能家居系统。

4. 智能家居中的哆啦A梦

一个风雪交加的夜晚，刚刚结束工作的李林走出公司，刺骨的寒风扑面而来，一下子吹散了她的困意。

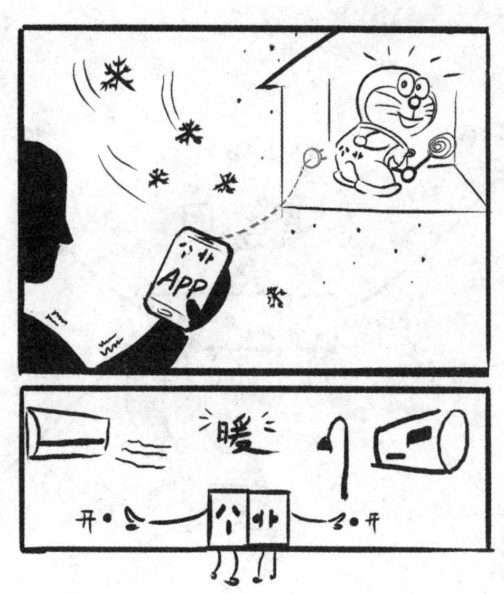

"李林，你也加班到现在？"听到有人叫她的名字，李林便回过头，原来是人事部的诺奇。

"是啊，加班倒还好，可一想到家里冷冰冰的，我的心才凉呢。"李林打了一个寒战。

"哈哈，我教你一招，你看……"说着，诺奇掏出手机打开了一个软件，随后将其中一个选项的开关打开。

"这是什么意思？"李林有些纳闷。

"这是邦讯公司推出的玩儿插排，是一种智能家居设备，你可以通过手机来控制空调的开关，在下班之前将它打开，等你回到家中时，屋子就已经暖和了。”

回到家中，李林立马就在网上查了一下这个让她向往的神器，发现这个智能插排不仅仅会控制家电，除此之外，玩儿插排还有无线网络中继功能，能够放大网络信号，甚至还可以放歌给你听，通过连接音箱，插入U盘，用手机App直接操作，想听什么就听什么，简单任性。最让李林意想不到的是，玩儿插排还是一个“心中有数”的电表，能够按照设定来监视用电量，找出家中的电老虎。

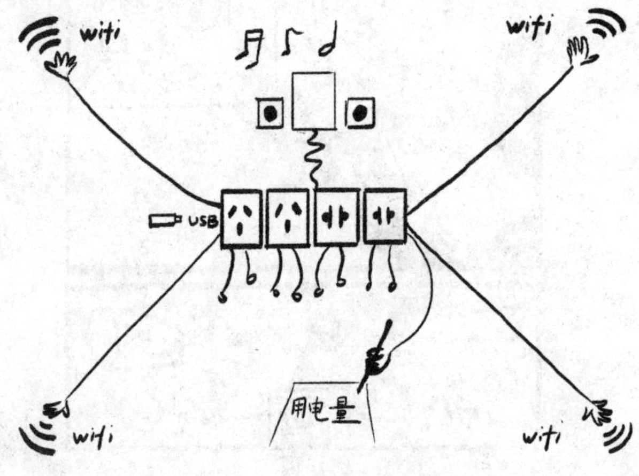

一提到智能家居，我们首先想到的就是扫地机器人、智能冰箱等，而现在智能似乎已经深入我们生活的各个角落，连插排都已经“机智过人”了。邦讯科技研制的玩儿插排打破了插座原来单一的功能，实现了远程控制，以手机为载体，通过插排的红外遥控功能即时、定时控制所插电器的开启与关闭，这样，即使是家中其他不具备智能操控的家电，也能被玩儿插排控制，有效实现家庭电器的异地、统一的管理。

邦讯智能玩儿插排能够与路由器实现无线互联，插排中内置有Wi-Fi中继功能，能够扩大家里的Wi-Fi覆盖半径。插排集成了一个以太网口，不需要额外再布线，就能让不带Wi-Fi功能的台式电脑实现上网功能。

大数据时代，玩儿插排还能将电量统计精细化，内置的电表负载计量芯

片精准度达到99%，可以实时、精确地计算每一个插到上面的电器的具体用电量，随时了解家中的电器的耗电情况和电费支出，让消费者对自己的家电了如指掌。

Wi-Fi中继

Wi-Fi中继，就是把收到的Wi-Fi信号，再发射出去，将无线信号接力放大，增大无线信号的覆盖范围。

Wi-Fi中继器，就是带有中继功能的无线路由器。比如，有些房间信号弱或者不稳定，安装一台中继器，就能扩大Wi-Fi信号，增强信号稳定性。

5. 智能扫地机器人

每年暑假期间，小琴家总是要上演各种灾难大片。7岁的儿子欢欢是个淘气包，总是能把整洁干净的房间转瞬间变成垃圾堆，小琴必须时刻跟在儿子的屁股

后面打扫。有时候工作一天回到家，看到满地的玩具、纸屑和食物残渣，小琴感到很烦躁，就会忍不住发脾气说儿子几句，看着大哭的儿子，她又觉得自己很没有耐心，只能哄完儿子后，继续默默收拾房间。

今天，小琴像往常一样下班回到家，打开房门时发现屋里非常整洁，她原本以为是老公带着孩子出去玩了，可她刚换上拖鞋，儿子就从卧室飞奔出来说："妈妈，妈妈，我有新朋友了。""什么新朋友啊，爸爸又给你买玩具了吗？"小琴问。儿子点点头，指着卧室地上说："它可聪明了，还会躲开障碍物，比我的小汽车好玩多啦！"小琴顺着欢欢指的方向看去，原来是一个智能扫地机器人。这时，小琴的老公从屋里走出说："我看你又要工作又要收拾屋子，太辛苦了，以后你不用动手，全靠手机就能指挥它了。"看着小琴感动得说不出话，他又说："愣着干吗？快过来，我教你怎么操作。"

点评

目前，我国国内的大背景是传统数码家电市场趋于成熟，智能化浪潮引领行业升级，扫地机器人正是高科技迅速发展下的智能产物，它的出现为消费者解决了大部分清洁问题。在以数据分析为依托的智能算法下，扫地机器人大多都是在清扫模式上做文章，它的机身为自动化技术的可移动装置，与有集尘盒的真空吸尘装置，配合机身设定控制路径，在室内反复行走，如沿边清扫、集中清扫、随机清扫、直线清扫等，并辅以边刷、中央主刷旋转、抹布等方式，加强打扫效果，以完成拟人化居家清洁效果。那么，它又是如何在智能算法下工作的呢？首先，不管你选择了哪种清扫方式，它都会优先去沿着房间边角走一下，先把家里的结构图画出来，将数据传送到我们所绑定的手机客户端，图像中那些射线状的区域，是它前面传感器扫描到的家里物品摆放情况，以便它清扫的时候可以有效地避开障碍物。除了全面清扫模

式之外，还可以选择区域清扫，这个模式的好处在于，完全没有必要去单独购买虚拟墙，只要在手机上圈选出清扫区域就可以了，它只会在这个区域内工作，而且绝对不会出去，人们可以在手机上定位家里任何一块地方，它都会自己过去，然后再配合着区域清扫功能进行清扫，这些全都可以通过手机来完成。扫地机器人这种灵活的交互方式，使得它可以对工作环境进行提前判断和分析，对活动范围有预设方案，不会出现乱七八糟的行动轨迹。目前虽然在智能算法下扫地机器人已经有了很好的发展前景，但是它依旧需要改进，如重扫漏扫容易被困、智能度不够、只扫不拖、后续清洁力不足等，这也是造成扫地机器人势头被阻，目前没有成为每个家庭必需品的重要原因。

小贴士

扫地机器人

扫地机器人，又称自动打扫机、智能吸尘器、机器人吸尘器等，是智能家用电器的一种，可以凭借一定的人工智能，自动在房间内完成地板清理工作。扫地机器人一般采用刷扫和真空方式，将地面杂物先吸纳进入自身的垃圾收纳盒，从而完成地面清理的功能。一般来说，将完成清扫、吸尘、擦地工作的机器人，也统一归为扫地机器人。扫地机器人一般由本体、充电电池、充电座、集尘盒、遥控器组成，有清洁系统和侦测系统两大类。

第十类：

交通出行与大数据

"互联网+"背景下我国大数据交通发展水平不断提高，应用大数据将多种先进技术融合到一个综合平台中，包括控制技术、计算机技术、通信工程、交通工程、移动互联网技术等，发挥交通设施的作用，解决环境问题与交通拥堵，避免多种交通风险的发生。

——赵光辉（《"互联网+"背景下我国大数据交通发展的思考》）

1. 滴滴出行与O2O

小英是一名公司白领，虽然每个月的工资能够满足她的日常开销，但要想在这个城市扎根立足，她不得不精打细算。一次，小英将公司文件落在家中，取完文件后发现坐公交去公司已经来不及，便狠下心来决定打车前往公司。可当时正是上班高峰期，她拦了好久都没有出租车停下来，忽然她想起来下载了好久都没用过的打车软件——滴滴出行，便决定试一试。果然，在输入始发地和目的地后没多久，车就停在了她的面前。小英不仅及时赶到了公司，还在支付时使用了优惠券，只花了几块钱。此后，小英就频繁地使用滴滴出行软件，很多次去外地出差时，小英都会提前预约好接送的专车，不仅便捷实惠，也能防止粗心的她丢落行李。

但是，最近小英发现，滴滴出行的优惠越来越少，价格也比原来要高，节俭的小英不得不考虑减少使用次数，但滴滴出行已经成为习惯，面对价格和便捷二选一，小英有些苦恼……

上班族都深有体会，公交、地铁太挤，打车又贵，出行困难可谓一言难尽。而打车软件的诞生，方便了需要出行的人，也使出租车司机和一些私家车车主能够多一份收入，很快便受到了人们的推崇。打车软件是O2O模式，线上线下相结合，消费者通过手机App输入起始位置与目的地后，系统将信息推送给附近的司机，司机接受订单后将乘客送往目的地，乘客到达后再通过在线完成支付。滴滴出行的大量优惠券是很多消费者最初选择它的重要原因，可以说，这种以烧钱争夺客户的方式取得了不错的效果。2014年，滴滴打车与快的大战，使补贴甚至免费变成了O2O模式的常态。2015年，滴滴与快的合并，这意味着用户陷入了困局。滴滴出行垄断市场，就会动态加价，消费者又已经对其产生了一定的依赖性，进退两难，只能连连叫苦。

O2O

O2O即Online To Offline（在线离线/线上到线下），是指将线下的商务机会与互联网结合，让互联网成为线下交易的平台。举个最简单的例子，我们生活中常用的美团就是O2O模式。我们通过美团App来团购一个美食，线上（美团App）会提供商家的详细信息以及优惠方式给我们做参考，我们选择并确认订单，然后就可以到线下（实体店）去享用美食了。在我们品尝完以后，还可以在线上平台对其做出评价，来帮助其他消费者做出决策。

2. 地理白痴的“大救星”

李小茗是个典型的“路痴”，不仅分不清东南西北，就连在商场里都会迷路。小茗工作后，为了方便他上下班，家里给他买了一辆小轿车，可他却是喜忧参半。从家到公司的路，小茗已经很熟悉了，没什么问题，但有时候公司让他去见客户时，他却有些犯难，但也只能硬着头皮去。好几次就因为走错路耽误了时间而被领导批评。

一次，同事小强搭小茗的顺风车回家，路上听到小茗的诉苦后，小强说：“你下载一个谷歌地图吧，不仅有语音导航，还能实时定位。”小茗说：“我本来开车时就紧张，它一语音导航，分散我的注意力，我就更找不到路了。”“你可以试一下啊，总找不到路也不是办法。”听小强这么说，小茗决定试一试。渐渐地，小茗越来越离不开谷歌地图，就连不开车时，都会使用。之后，他还经常带家人去外地自驾游，在其他城市也能够像当地人一样熟悉路况，再也不用担心迷路了。

点评

虽然李小茗不知道什么是大数据，但其实谷歌地图上跳出来的每个坐标、导航指令等，都是由大数据构成的。从2005年开始，谷歌面向用户推出了首个地图应用，为全球所有重要城市的每条街道提供地图，同时提供全球卫星视图。此后，谷歌又利用其获得的极其庞大的地图数据，采用大数据的方法——被称为“地面真相”的算法和细致的人工努力相结合的方法，为用

户提供更加详细的地图信息，这些算法在通过借用计算机视觉和机器学习的方法来提取路边的街道编号、企业名称、限速交通标志等细节信息的同时，还利用卫星和航空影像提取建筑物的轮廓和高度，并借此来不断提升用户的体验效果。现在，像李小茗这样的用户只要使用下载谷歌地图的智能手机就能找到某座城市附近的道路。谷歌地图不仅可以告诉使用者如何到达某个目的地，同时还会告诉到达的大概时间，以及最佳的时间段。

目前，高德、百度等国产智能地图App也充分应用“活数据”生产“活地图”，让交通大数据变得越来越“懂你”。未来，当你在笔记本电脑或手机上使用智能地图时，其表面的信息之下也许会隐藏着更多的数据。这些数据可能不只是道路的布局，还包括链接一个点到另一个点的逻辑信息，可能不只是建筑物的形状，同时还会更加的细节化，地图与大数据结合会产生难以估量的价值。

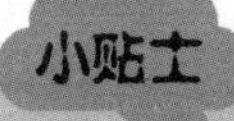

谷歌地图

谷歌地图是Google公司提供的电子地图服务，包括局部详细的卫星照片，于2005年2月8日正式发布，并被《PC世界》杂志评为2005年度全球100种最佳新产品之一。此款服务可以提供含有政区和交通以及商业信息的矢量地图、不同分辨率的卫星照片和可以用来显示地形和等高线的地形视图。同时，谷歌地图不仅仅是一张在线地图，它还是一个开放的平台，具备优质内容的公司可以利用网民的地理平台为网民提供餐饮、购物、健康、旅游、娱乐等各个方面的与地理位置相关的生活信息，是网民的一个生活小助手。

3. “掌上青城”带你准时到家

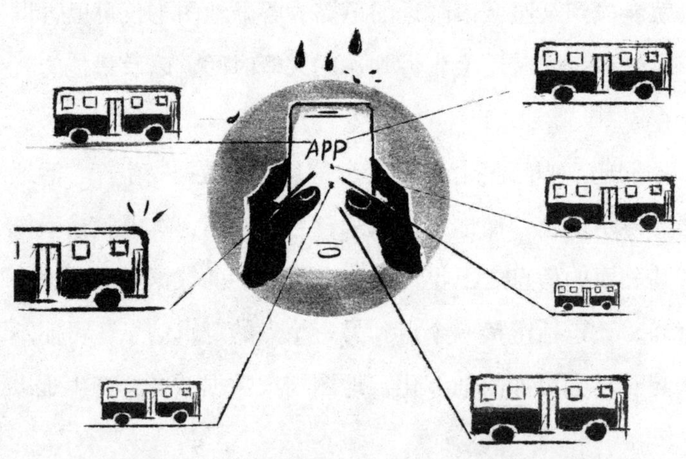

这天，外面下着瓢泼大雨，家在内蒙古呼和浩特市的刘明气喘吁吁地跑进办公室，淋得像只落汤鸡，甚是狼狈。他随手拿起桌上的干毛巾，一边擦头发一边说：“真是倒霉，突然下这么大的雨，忘带伞就算了，公交车左等右等也不来。”“你怎么没找个地方避一避啊？”同事肖月问道。“我这不是怕走远了，公交车一来我就错过了吗？”刘明回答。肖月一边笑一边说：“我该说你什么好，你真是个老古板，快把你的手机拿来，我帮你下载一个‘掌上青城’”。看着刘明不解的眼神，肖月说：“‘掌上青城’能告诉你公交车还有多久能够到达，有了它你就再也不用担心错过公交车啦！”

点评

“掌上青城”能够把手机变成你的电子公交站牌，方便出行。

例如，刘明家住巨海城9号，而他需要乘坐60路前往攸攸板。他只需用手指轻轻一点，便知道了有一辆公交车在20:43将到达新华联雅园站，距离刘明的巨海城9号站点还有3站地。这时，刘明再从家中出发即可，也就避免了风吹日晒的等车过程。

手机上的公交查询软件利用的是公交公司的智能调度系统。调度系统会对城市中的每条道路的站点进行统计，建立数据库。每辆公交车都装有GPS定位系统，当公交车到达某一站，当前的信息包括站名、到达时间等内容就会实时同步上传，经过实时计算后，便可在手机软件中显示出当前线路的公交车所在的位置。

与其他的公交查询软件不同，“掌上青城”除了最基本的实时公交查询、线路查询等功能外，还有一个很实用的功能——查找公共卫生间。相信很多人都有过满大街找厕所的经历，实在是一段痛苦又尴尬的过程。现在只要通过“掌上青城”，我们便可以得到呼和浩

特市公共厕所的具体位置信息。

例如，刘明带孩子在满都海公园游玩，忽然孩子要上厕所，又哭又闹，这时刘明不需要慌乱，只需打开“掌上青城”输入当前所在的位置，就可以显示在他附近所有的公共厕所，十分简洁明了。

小贴士

掌上青城

掌上青城是一款基于智能手机的实时公交信息查询软件，是内蒙古呼和浩特市公共交通总公司立项，由内蒙古天讯网络发展有限责任公司研发并运营的移动互联网生活服务类应用。该应用是呼和浩特市智能公交和数字化城市建设的组成部分，它能够提供呼和浩特市区大部分公交车的运行状态，可以对1600多辆公交车、近700个站点的数据进行实时查询。乘客通过搜索想要乘坐的公交车，它便能够根据乘客的定位，显示公交车目前所在的位置、距离乘客还有几站等信息，利于乘客合理规划自己的出行时间。

4. 黑科技来了，让中国式过马路无处遁形

小邢的工作是一名交通协管员，平时负责维持重点路口的秩序，红灯亮起时，他挥动旗子告知身后的行人停下等候；绿灯亮起时，则通知路人可以通行。然而，有些人对于小邢的指挥并不理会，只要有一个带头闯红灯的，后面跟随闯的人就多了。“这就是所谓的中国式过马路，就是凑够一撮人就可以走了，和红灯、绿灯无关。”小邢还表示，尽管“闯红灯罚款”政策已

经落地，但行人闯红灯的乱象并未减少。“我们没有执法权，不能对违规的人进行罚款，能做的只是进行劝说。偏偏咱中国人还发明了一个‘中国式过马路’，无论是在国内还是国外都拥有一定的知名度，而且屡试不爽。”

不过现在好了，黑科技来了，“行人及非机动车闯红灯人脸抓拍识别系统”就是专门治“中国式过马路”的法宝。“谁现在要是敢闯红灯，他的头像和个人信息就会在十字路口的大屏幕上全天轮次播放。被罚款事小，可因为闯红灯这样的事上大屏幕丢人啊。”小邢说。被拍到的市民纷纷表示下次再也不敢闯红灯了。

点评

据相关部门统计，在每年的交通事故中，53%的致人死亡交通事故是由行人和非机动车过马路闯红灯引起的。为防止相关行为继续危害交通安全，从2017年5月份开始，江苏、山东、深圳等一些城市开始在交通路口上启用了“行人及非机动车闯红灯人脸抓拍识别系统”，通过自动捕捉、识别、曝光行人和非机动车闯红灯的相关信息，警示教育行人和非机动车自觉遵守交通法规。而对于行人和非机动车闯红灯的行为，交管部门将会给予20元到 50元的罚款。虽然罚款钱数不多，但是最让大家忌惮的就是，不文明行为的视频和个人信息，都会在大屏幕上全天轮次播放。该系统实际上就是“斑马线上的电子警察”，对斑马线进行 24 小时不间断的监管，主要通过视频检测到行人闯红灯的行为，深度学习人脸技术，对人脸进行实时提取和识别，自动储存闯红灯的人脸数据，并通过实时搜索比对，结合大数据运算，查找出同一个人是否有多次闯红灯行为，通过数据对接手段，核实违法人员的身份。对系统核实出来的相应违法信息，会在路口的系统大屏上进行实时显示。系统显示大屏将起到宣传、取证、警示的作用。

行人及非机动车闯红灯人脸抓拍识别系统

“行人及非机动车闯红灯人脸抓拍识别系统”是由摄像头、LED屏以及后台人脸识别软件构成。摄像头安装在斑马线两端的行人交通信号灯上，根据信号灯的控制，自动捕捉行人或非机动车闯红灯的信息，将闯红灯的整个过程以4张图片的形式进行合成（参照机动车违法非现场采集标准），然后将截取的违法者头像回传至人脸识别软件系统。

5. 被“盯梢”的行李

一年前，公司安排小胡到外地出差，小胡搭乘了国内某航班，中转了一次，结果到达目的地时，等了半天都没有等到自己的行李。在空空荡荡的大厅内，只有停止的传送带和机场的工作人员。无奈之下，小胡填写了申诉单，默默地回到了酒店。在打了无数个催促电话后，工作人员在第二天才将行李送了回来，他们给出的理由是在中转过程中，小胡的行李被送到了另外一个机场，并表示，对此不会给予任何的赔偿。此后，小胡对托运行李产生了阴影，每次等行李的过程总是提心吊胆，生怕再出现上次的情况。

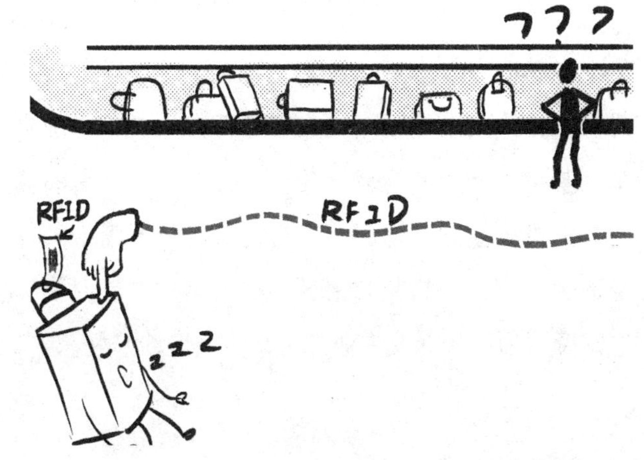

这一天，小胡在佛山机场准备乘坐中国联合航空公司（简称“中国联航”）出行，在办理乘机手续时，因为想到行李内有重要文件，便叮嘱工作人员，以防再出差错。工作人员告诉小胡，中国联航在佛山机场的进出航班上，实现了行李全流程追踪，通过对登机牌或者行李条的扫描，就能实时追踪行李的位置，不用担心丢失。听完，小胡非常高兴，心想：这追踪系统快在全国推行吧，这样行李的安全就有了保障，出行就能更轻松啦！

点评

不少旅客在出行时都遇到过行李丢失、错拿等问题，一旦发生，处理起来十分烦琐。航空公司每天都要处理数以万计的行李，难免会有失误，行李处理不当同样也会给航空公司造成很大的损失。2015年，行李的不当处理就造成了全球航空业高达23亿美元的损失。为了提高行李处理率和准确性，国际航空运输协会（IATA）发布了753号决议，要求在2018年6月前，航空公司应在每个中转点及装卸点跟踪行李运输过程，以减少行李丢失和错拿的情

况。

佛山机场是全国第一家实现RFID行李跟踪系统全覆盖的机场，2017年6月14日正式投入使用。RFID行李跟踪系统能够自动完成行李交运、分拣、装车、装机、卸载、行李上转盘、旅客提取行李离场全流程闭环的数据收集。同时，机场航司、地服可以对行李运输过程中的每一个环节进行监控，有效地避免了行李的错装和错运。相信不久以后，中国将会形成一个全国的行李追踪网，为旅客和航空业都带来实质性的好处。

小贴士

RFID

RFID英文全称是Radio Frequency Identification，汉译为射频识别，俗称电子标签。一般附着于被跟踪物体上，可以通过无线电信号来识别并读写相关数据。机场分别在柜台、传送带和货仓处安装射频读写器，然后在行李托运时，工作人员会给旅客的行李贴上RFID标签，这样航空管理系统就可以通过RFID技术全程追踪旅客行李，解决行李丢失的问题。RFID技术应用广泛，交通、医疗、物流等行业都有它的身影。

6. 非常准的“飞常准”

“唉，又延误了，不知道几点才能起飞。”相信不少旅客都有望着机场内电子显示屏上滚动的红绿字，发出过类似哀叹的经历。乘坐飞机时很害怕飞机晚点延误，不按照计划时间起飞，更害怕舱门关闭很久，飞机却依旧原地不动。中国飞机的“习惯性”晚点也就催生了航班动态信息查询市场。

2011年，一个名为“飞常准”的软件开始出现在公众的视野中，“飞常准”不仅准确还很迅速，如果遇到飞机延误，只需在微博上@一下“飞常准”，很快便能得到回复。

“飞常准”的创始人、飞友科技CEO郑洪峰还用“飞常准”调解过一次争吵。有一次，在北京飞往合肥的航班上，飞机迟迟不起飞，旅客被“关”了足足3个小时，而当时天气预报显示北京、合肥两地的天气都非常好，不明原因的旅客因控制不住情绪便和机组人员争执了起来。这时，郑洪峰打开了“飞常准”的系统后台，看到天气雷达图显示北京南边即天津—保定一线有一片雷雨区，便让旅客和空姐看了雷达图，并结合天津机场雷雨的天气实况做了解释，最终得到旅客的谅解，缓解了双方的矛盾。

点评

坐飞机最苦恼的事情就是飞机晚点。根据“航旅纵横”公布的2015年国内航班延误报告显示，整个2015年大约有1/3的航班延误，而这里的延误指的是起飞时间比计划起飞时间晚半小时以上才算延误，如果计算半小时以内的延误，恐怕得有50%以上的航班了。从时间上来看，2015年国内航班平均要延误40分钟以上，这段时间够你去吃顿饭，或者坐地铁从机场到市区了。乘客方面，2015年遭遇了航班延误的乘客高达1.35亿人次，手拉手能绕地球整整6圈！“飞常准”这款软件也就是在这种情况下得到了许多人的青睐。它不

仅能提供机型、机龄数据，还能提供乘机者前面还有几架飞机在跑道排队等待起飞这类近似“神秘”的信息，而这些信息其实都来自于它内部强大的数据支持。

“飞常准”的数据分为未加工原始数据、加工完成数据和自己计算的数据。这些数据主要有两个来源：第一种就是从空管局、航空公司、机场等地获得的数据；第二种则是自建渠道，通过与全国20多个机场合作搭建基站，来监控所有飞机的运行轨迹。可以想象一下，在飞机关闭舱门后，航空公司和机场还没有给出具体的起飞时间，“飞常准”这款软件却通过这些数据的支持再加上强大的算法，就能给旅客一个预计起飞的时间，这个时间也许比航空公司的都准。目前，国内的航班信息服务市场仍处于起步阶段，国企、民企同台竞争，数据服务能力无疑成了核心竞争力。

民航专家曾表示，谁在这个领域里提供的数据更准确、更及时，将是最后胜出的关键：“无论哪一家，它最终去做的都是收集旅客的行为数据，包括购票习惯、服务习惯，以及对延误的忍耐需求等，各种行为数据收集起来以后，它可以转而去做数据咨询这样的业务，毕竟提供免费的信息本身并不赚钱。”而作为旅客，在大数据的支持下，交通出行无疑也会得到许多的便利。

小贴士

飞常准

飞常准是一款专业的航班出行服务App，于2011年正式上线，致力于为用户提

供“省时、省心”的一站式多元化航班出行解决方案。目前，飞常准下载量已超过1亿次，累计向超过3亿人提供过航班延误预警、分析和行程规划服务，是国内知名度最高的旅行类应用。飞常准改变了单一化的航班服务模式，通过准确的全球航班实时数据分析，实现了为不同人群（乘机、接机、送机的旅客和民航业内人士）提供多元化航班服务新模式的目标。目前，飞常准航班数据已覆盖全球，可以做到全球化无差异服务。

第十一类：

旅游与大数据

有了“大数据”，可以准确预知客流趋向，进而采取相应的措施疏导客流；有了“大数据”，可以知道游客喜欢什么样的产品，进而开发建设适销对路的产品；有了“大数据”，还可以知道游客需要什么样的公共服务，进而改进旅游公共服务……

——朱凤娟　吴坚平（《浙江日报》“以游客为本　行智慧之路”）

1. 中国天眼

平日里，睿睿是一个天文小达人。2017年“十一”黄金周，睿睿妈妈就决定带着睿睿去贵州的平塘天文小镇游玩，却没想到凭借“中国天眼”强大的吸引力，平塘这块风水宝地竟然游客爆满，给景区承受力带来极大的考验。仅10月1日这天，车流量就达到了800辆/小时，游客1万多人。“十一”黄金周，景区游客每天都大大超过限定人数，“中国天眼”景区早已超负荷运营。之后，睿睿和妈妈在平塘天文小镇的广播里听到关于景区游客分流的温馨语音提示：“截至10月5日14时40分，中国天眼景区观景台游客已达最大限载量，为了您的安全，现关闭摆渡车售票通道。各位旅客可就近游览天文体验馆、飞行球幕影院、平塘天坑群等景区景点，也可前往平塘县甲茶、掌布、六硐、京舟养生乐园等景区游玩，给您带来不便，敬请谅解。”

看着睿睿郁闷的表情，妈妈说道：“睿睿，那我们先去天文体验馆吧，体验馆里有对中国天眼的详细介绍，还有普及天文学常识的自然科学类展馆，你还可以看到科学与艺术的结合——中国古代星图，可以了解太阳系各大天体和恒星的相关知识，可以在星际冒险区里感受 3D、VR 技术和体感互动技术。然后我们再来排队看‘天眼’不是更棒吗？”睿睿脸上由阴转晴，欢呼道：“原来天文体验馆里有那么多好东西，那咱们还等什么，赶紧去吧。”

点评

事实上，在平塘县智慧旅游指挥大厅里，中国天眼、天坑群、甲茶、掌布、六硐等平塘有名的景区景点的游客动向和数量等综合情况都会适时地显示在屏幕上，平塘县旅游局的工作人员会根据各景点适时客流状况，及时提醒相关景区采取相应措施，有效疏导游客分流，就像睿睿和妈妈遇到的中国天眼的限流，就是为了使各景点旅游更加有序，切实提升每位游客的观景体验，从而提高平塘县整体旅游环境和服务水平。

平塘智慧游项目于2017年2月启动规划设计，9月25日正式投入试运行。通过建设3大平台、9大系统、21个子项目，实现4大功能。3大平台即大数据决策分析管理平台、调度指挥中心综合管理平台、智能应用系统综合管理平台；9大系统即智能软件系统、大屏监控显示系统、网络安全管理系统、停车管理系统、景区环境监测系统、GIS地理信息系统、信息发布系统、应急广播及一键报警系统、视频会议系统。通过9大系统终端设备数据采集基础数据，数据中心对各系统数据进行归类、分析、展示，实现智能管理、智能服务、智能营销、智能体验4大功能。

该项目建成后，通过对全县各大景区景点进行实时监控调度，有效疏导游客分流，提升旅游服务质量，优化平塘旅游环境，让游客高兴而来、满意而归。

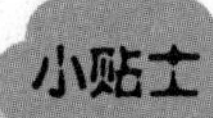

中国天眼

500米口径球面射电望远镜（Five-hundred-meter Aperture Spherical radio Telescope）被誉为“中国天眼”，简称FAST，位于贵州省黔南布依族苗族自治州平塘县大窝凼的喀斯特洼坑中。由我国天文学家南仁东于1994年提出构想，历时22年建成，于2016年9月25日落成启用。它是由中国科学院国家天文台主导建设，具有我国自主知识产权、世界最大单口径、最灵敏的射电望远镜。2017年10月10日，中科院国家天文台宣布中国天眼发现2颗新脉冲星。这是我国射电望远镜首次发现脉冲星，距“天眼之父”南仁东病逝不到1个月。搜寻和发现射电脉冲星是FAST核心科学目标，对其进行研究，有希望得到许多重大物理学问题的答案。

FAST被南仁东定义为“下一代天文学家准备的观测设备”，是目前世界上最灵敏的单口径射电望远镜。2017年，国家天文台台长严俊介绍，接下来的两年，FAST将继续调试，以期达到设计指标，通过国家验收，面向国内外学者开放。同时研究人员将进一步验证、优化科学观测模式，继续催生天文发现，力争早日将FAST打造成为世界一流水平望远镜设备。

2. OTA（在线旅行社）

从前有座山，山中有座庙，庙里面住着一个老和尚，老和尚的梦想是走

遍天涯海角去感化更多的人。他一直在犹豫：从东南西北哪个方向出发好呢？日有所思夜有所梦，在一个宁静的晚上，“OTA小助手游游”出现在了老和尚的梦乡里，它告诉老和尚，旅行中有任何问题随时联系它，有它在，没意外。第二天醒来，老和尚背起行囊出发啦。

尚尚：游游，这里的风景好美，这是什么地方呀？

游游：这是我国的首都北京，也是著名的旅游景区。

尚尚：这里都有什么旅游景点呀？

游游：景点太多啦，我已经根据你的需求为你推荐了一份旅游攻略，请点击。

尚尚：太棒啦，好多景点呀，我现在想去长城。

游游：您可以选择自驾游、顺风车、地铁1号线或公交车任何一种交通方式出发，但根据您当前的位置信息，乘坐52路公交车是最好的选择。

尚尚：这里人好多呀，我玩得差不多啦，看到你刚刚为我推荐的美食，我还真是有些饿了呢。

过了几天……

游游：正在为你切换线路，欢迎来到天津市。

尚尚：谢谢你的贴心！我已经看到了你为我准备的所有信息。

游游：感谢您的评价，我们会努力做到最好，有任何问题请随时与我们联系。

老和尚在熟悉使用和感受到这个软件种种好处之后，不禁感慨道：“这辈子能遇到‘OTA’，我上辈子一定是拯救了银河系。”

点评

随着互联网向移动互联网的转移，旅游用户预订习惯的转变，移动互联时代下的在线旅游市场极大地改善了用户的消费体验，此外，移动互联在OTA模式中也占据了重要位置。

第一，移动定位服务。游客在旅游中基于位置的移动定位服务包括导航服务、位置跟踪服务、安全救援服务、移动广告服务和相关位置的查询服务等。例如，根据游客当前定位位置，通过在线旅游服务商的App等相关应用，可以查询附近酒店、旅游景点、娱乐设施等相关信息，可以进行选择预订的同时，将地图应用导入，实现空间到达。

第二，移动支付。移动支付通常称为手机支付，就是用户使用移动终端（一般是手机）对所消费的商品或服务进行账务支付的一种服务方式。移动支付在当前的消费行为中起着重要作用，移动支付服务的水平，将成为改善旅游用户体验的重要组成部分。

第三，个性化推送。很多人到达异地，会自动收到当地的信息，这就是最简单的个性化推送。随着大数据在商业分析领域的大量应用，个性化推送在人们日常生活中越来越广泛。根据用户的搜索、浏览、购买历史，分析用户相关兴趣爱好，将与用户相关的旅游信息（特别是折扣优惠）直接推送到用户面前，增加用户黏度的同时，也能进一步提升用户体验。

小贴士

OTA

OTA，英文全称为Online Travel Agency，中文译为“在线旅行社”，是旅游电子商务行业的专业词汇。它是指旅游消费者通过网络向旅游服务提供商预订旅游产品

或服务，并通过网上支付或者线下付费，各旅游主体可以通过网络进行产品营销或产品销售。通过移动互联网服务，旅游者就可以不必在旅游出发前费事地进行旅游行程的详尽安排，而是直接出发开始自由旅行。2016年中国在线旅游OTA市场营收规模为298亿元，同比增长48%。

3. 杭州旅游人数预测

“阳阳，你在哪儿？”慧慧焦急地发出一条语音，可红色的感叹号却显得格外碍眼。“为什么发不出去啊？”慧慧嘀咕道。看着人来人往的街道，她始终没有看到阳阳的身影，慧慧开始努力回忆和阳阳走散的地点……

2017年国庆期间，慧慧和阳阳相约来到杭州游玩，到达西湖断桥时却发现是“见人不见桥”。在拥挤的人潮中，慧慧被路边的旅游纪念品吸引了过去，等到回过神来，阳阳却不见了踪影。

看着没有信号的手机，慧慧急得直跺脚，却只能站在原地，盼望着阳阳找回来。等了好久，阳阳才出现，问过后才知道，她的手机也没有信号，能找回来全凭运气。

吃晚饭的时候，阳阳收到了朋友发来的一条消息，打开后看到是网易新闻发布的题为《西湖断桥4G信号被挤断》的消息，阳阳便读给慧慧听：“10月1日，杭州西湖迎来人流高峰，中午12点，断桥旁边，4G信号一度被‘挤断’，手机无法连接网络，想晒图的用户干着急却发不了朋友圈。”

“信号都能被‘挤断’！究竟有多少人来杭州旅游啊？”慧慧问。

“我在网上看到了来杭旅游人数的预测数据，预计国内外游客有1100多万人次呢。”阳阳说。

“怎么预测的？预测得准不准？”慧慧追问。

“怎么预测的我不知道，准不准只能等到假期结束后再核实了。”阳阳说。

故事中阳阳提到的来杭旅游的游客有1100多万人次，是杭州旅游经济实验室在2017年“十一”长假前，曾发布过的一个数据——在没有极端天气的影响下，预计8天假期杭州市接待国内外游客1110万人次（不含市民游客），较去年增长13%左右。长假结束，杭州共接待1168万人次外来游客，与预估人数比较接近。杭州旅游经济实验室大致统计了来杭州的火车票、机票预订情况，在杭酒店、景点预订情况，还有包括百度提供的关键词——杭州或杭州景点的搜索情况，基于这些大数据，才做出了对杭州游客数量的一个预估。

杭州旅游经济实验室成立于2017年1月20日，是全国首个地方旅游数据分析研究平台。在这次国庆旅游数据研究中，他们与复旦大学、阿里巴巴、中国移动、百度、去哪儿等15家单位合作，借由相关单位提供的游客行程大数据及复旦大学等单位提供的基于大数据的运算模型，并基于以前黄金周来杭

旅游的历史数据，从而推算出了2017年黄金周的大致来杭旅游人数。

这个大数据模型对杭州所有的景区都做了游客数量实时监测，如断桥每天将会迎来数十万的游客，早晚游客不是很多，但在下午4点断桥的人数将达到峰值，整个断桥附近将会相当拥挤。数据模型还会将音乐喷泉、断桥以及钱江新城等客流集聚区的实时客流以及舒适度指数等信息反馈到杭州旅游的相关微博和微信公众号里，游客们通过这些数据，可以了解景点的高峰期，错峰出游，以方便出行。而这一案例的成功已经说明了大数据客流预警和出游引导的作用初步见效。未来用数据驱动行业发展、驱动管理手段提升、驱动旅游企业品质化提升、驱动游客体验度提升将是智慧旅游发展的一大方向。

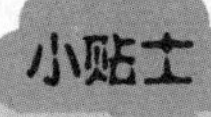

杭州“新四军”

据《南方周末》（2017年10月12日）报道：近几年，在杭州的这片创业热土上，活跃着浙大系、阿里系、浙商系和海归系四大创业群体，在创业的圈子里被戏称为“新四军”——这些创业者们或者毕业于浙江大学，或者曾经在阿里巴巴工作过，或者是浙商再创业，或者是海归精英。

4. 秦皇岛智慧旅游

正值第2届河北省旅发大会举办之际，家住赤峰市的付先生与妻子选择驾车来秦皇岛旅游。付先生是个旅游达人，每次出行都会做好一番攻略，不过

与以往旅游攻略不同的是，付先生这次有了新发现：“老婆最喜欢海边。我在网上搜索游玩攻略时，发现了‘秦旅智慧旅游’公众号，里面的手绘地图清楚地显示，渔岛海洋温泉景区就挨着海边，既能看海又能玩水，还有半价票，我立马就预订了。”付先生还通过公众号提供的游玩攻略，定好了其他行程。“平时我就是个吃货，每次出来玩，一定得搜刮出当地的特色小吃，要不然我就觉得这趟白来了！”付先生就是在公众号里的旅行小帮手秦小U的辅助下利用手绘地图导航来到昌黎县葡萄小镇，并按图索骥顺利停好车，和妻子在树下边品尝马奶葡萄边听“秦旅智慧旅游”公众号的语音介绍此处葡萄的渊源，享受着智慧旅游带来的轻松惬意，度过了一个浪漫的假期。

点评

智慧旅游服务平台“秦旅智慧旅游”公众号是2017年8月中旬上线的，它打通了游客与景区之间的信息通道。据秦旅智慧旅游有限公司总经理介绍，游客通过该公众号，不仅可以随时购买特惠门票，还可以查找各种好吃的、好玩的。比如在“好吃”一栏里，就有秦皇岛的地方名吃椁椤叶饼，不仅有椁椤叶饼这个小吃的典故、做法，还细心地附上了地点，方便游客寻找。手绘地图界面还能观看各景区的全景风光，提升游客在旅游信息获取、计划决

策、产品预订支付、回顾评价等全过程的旅游体验。手绘地图里的旅行小帮手秦小U，既能告诉你想去的景点信息，还能帮你搜索5000米以内的美食，甚至还能跟你打趣斗嘴。此外还有贴心的防坑宝典或小贴士，如提示游客坐快艇时要多砍价、不要在海边买泳裤等。秦皇岛智慧旅游给广大游客带来了全新体验，方便又快捷。游客朋友们纷纷表示，下次还要来。

智能全域旅游大会

2017年9月17日上午，第2届河北省旅发大会在北戴河新区阿尔卡迪亚酒店正式拉开帷幕，这次大会是一场智能全域旅游大会。会场上，嘉宾们首先领取一张包含RFID（无线射频识别）胸卡的嘉宾证，在会场由电子桌牌实现座位指引，RFID读写器进行座位匹配，并通过微信实时播报各会场会议进程，即时发送会议PPT。本次大会在产品形态、服务模式、交通体验等方面亮点纷呈。例如，集智慧管理、投诉处理、体验展示、咨询服务等功能于一体的北戴河游客服务中心；以“旅游+医疗”模式为核心，突出生产、科研、医疗、展示、宣传、服务等综合功能，打造集定制化康养医疗服务、孵化场地等服务功能于一体的国际康养旅游中心等。本届旅发大会与会人员对秦皇岛全域旅游、康养旅游新业态项目进行了观摩，见证了全域旅游之花在秦皇岛的精彩绽放。最后，嘉宾们赞叹道：“旅发大会不仅会场智慧化，旅游更是智慧化。”

5. 广西游直通车

为了让女儿悠悠3岁的生日有一个难忘的记忆，内蒙古的曹先生一家定

了10月下旬前往南宁的机票，打算去广西桂林游玩。刚一下飞机，曹先生就被南宁机场的自驾租赁车吸引了，机场的服务人员介绍说："您只要动动手指，扫一扫印有'广西游直通车'租赁车上的二维码，下载'广西游直通车'APP进行注册，再提交相关的证件照片，就可以开走了。"

"这么方便？那我是不是使用完毕之后，还要回到机场还车？"曹先生追问道。

"现在，柳州、桂林、北海、百色4个试点城市的机场、动车站和旅游集散地都能进行还车服务，您只需要根据您的行程安排，合理规划旅行路线，不用非要在南宁的机场还车。"服务人员耐心地对曹先生介绍道。

"这回可省事了，"曹先生兴奋地表示，"我们夫妻俩不用担心悠悠在路上哭闹了，今年的生日一定能给她的童年留下一个美好的回忆。"

点评

旅行中，带孩子旅游一直是家庭的难题，公共交通乘客多，空间小，情况复杂，小孩子还难以管理，既不方便他人又不方便自己。自驾车的短板是只能周边游，去远一点的地方还要再想办法在当地租车，多有不便。"广西游直通车"的上线可谓及时雨，下载"广西游直通车"App，打开平台，页

面即呈现“自驾服务”“酒店服务”“线路服务”“专车服务”等内容供游客选择。而选择自驾租车的朋友，需要进行登录和身份验证，上传身份证和驾驶证后就可以打开自驾车租赁服务了。选择专车服务的游客，需要填写用车时间、人数、目的地等信息。“广西游直通车”平台在车联网应用方面，包括自驾租赁车、专车、景区直通车等，采取了“结合实际、合理布局、先期试点、逐步推广”的运作方式。第一批旅游自驾租赁车线下租赁服务网点选址主要以南宁、柳州、桂林、北海、百色5个试点城市（及下辖特色旅游名县）的机场、动车站和旅游集散地为重点，有影响力的四星、五星级酒店和一些人流量和规模都比较大的景区作为辅助。在“十三五”期间，全区各地实现投放旅游自驾租赁车10000辆。“广西游直通车”的上线，实现了高铁、飞机与自驾车的“自驾零换乘”，实现了以客户为中心，以市场为导向的全域旅游直通网络功能，也推动了智慧旅游创新发展，为旅游的快速发展注入了新的活力。

广西游直通车

2017年9月30日，广西壮族自治区旅游发展委员会和广西旅游发展集团公司在南宁市举办“广西游直通车”平台上线发布会，宣布“广西游直通车”平台正式上线。该平台主要涵盖三大功能应用模块：一是车联网应用，包括自驾租赁车、专车、景区直通车等；二是OTA整合应用，包括酒店、景区、旅行社、导游、饭店及农家乐预订、折扣等；三是后台旅游大数据的整合应用。力图从旅行决策、行程制定，到出行、住宿、餐饮、游玩、购物、分享等方面，为游客提供全方位的、便捷的、高性价比的一站式服务。

6. 告别“黑心”导游

“请问是赵先生吧？我是您的导游小张……”

赵刚一家从宿迁驾车来到杭州旅游，刚进入瘦西湖景区，迎面就走来一位男子，看到男子做起自我介绍，赵刚的母亲连忙摆摆手说：“不用，不用，我们不需要导游。现在的导游，强制性让你购物，吓死人哟。”赵刚听后哭笑不得，连忙解释：“妈，这是我在咱们出发前就通过手机网络预约的导游，不是你说的那种。”“阿姨，我们景区的导游管理制度很严格，我们可是随时被监控的，如果您有什么不满意的地方和建议，可以随时在线对我进行评价。”

在景点讲解过程中，小张告诉赵刚，景区已经全面覆盖Wi-Fi，想拍照片和小视频晒到朋友圈，完全不需要用自己的流量。只要点击进入景区微信服务区，使用导航就能够快速前往各个景点，还能通过虚拟导游简单地了解景点。最主要的是，自驾游的朋友还可以轻松找到景区周边的停车场、饭店及购物场所。总之，游客想要的服务号里全都有。

点评

出门游玩本身是想放松一下身心，可很多时候，景点拥堵、导游素质低甚至强制性的购物反而让我们身心疲惫，对出行备感失望。而在扬州瘦西湖景区，智慧旅游已成为一大特色。其中，最具有特点的就是预约导游功能，游客不仅可以通过网上进行预约，还可以在游玩过程中及时反馈，对讲解员是否及时到达、讲解设备是否齐全、讲解内容是否翔实全面、服务态度是否热情、文化知识是否丰富等进行评价，生成大数据，为管理决策提供依据。除了游客们的监督，景区内部也在实时“监视”导游的动向。2016年起，扬州瘦西湖景区启用了导游“小步外勤”智慧管理系统。瘦西湖景区管理相关人员介绍说，假如瘦西湖景区目前共有60名专业导游，景区可以通过先进的定位管理系统，实时监控每个导游的到岗情况、行动轨迹以及讲解时间。尤其是旅游旺季时，游客对导游服务需求大，管理人员可清晰地查看导游在景区内的分布情况，及时进行调度，并明确地告知游客需要等待的时间。景区的“智慧化”使游客出游更加便捷，体验感更加丰富。

小贴士

小步外勤

小步外勤是一款基于手机应用的管理App软件。该软件可以监控企业外勤人员在工作时间的行动轨迹、上下班考勤记录和客户拜访情况。企业的外勤人员也可通过小步外勤完成现场的信息和数据采集、反馈等工作。根据小步外勤自动生成的数据分析，企业的中层管理人员可以更好地对业务员的日常工作内容和工作行为进行监管，企业的决策者也可以据此做出最精准的市场判断和最准确的市场分析。

第十二类：

大数据反思故事

尽管数据像海浪一般涌来，但是我们却发现自己仍然对这些影响经济社会运行的基本因素缺乏了解，最终，出于良善目的的社会行为，可能带来不可预期的后果，甚至原本为了让万事万物可控的数据也会造成国家安全、个人隐私和数据独裁问题的失控。

——徐继华等（《智慧政府——大数据治国时代的来临》）

1. “赤裸裸”的陈先生

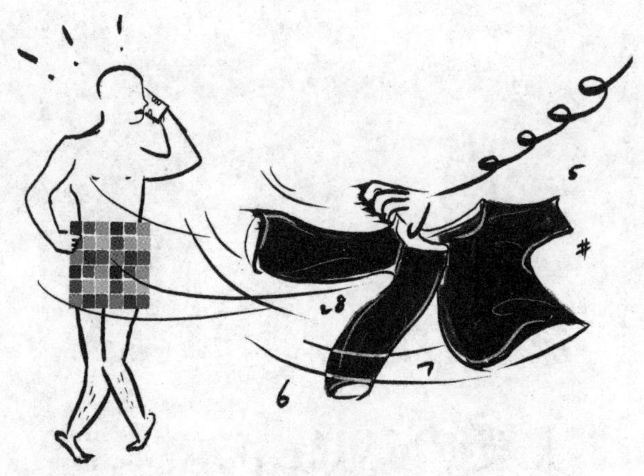

某比萨店的电话铃响了，客服人员拿起电话。

客服：XXX比萨店。您好，请问有什么需要我为您服务？

顾客：你好，我想要一份……

客服：先生，请把您的会员卡号告诉我。

顾客：16846146***。

客服：陈先生，您好！您是住在云中路一号12楼1205室，您家电话是2646****，您公司电话是4666****，您的手机是1391234****。请问您想用哪一个电话付费？

顾客：你怎么会知道我所有的电话号码？

客服：陈先生，因为我们联机到CRM系统。

顾客：我想要一个海鲜比萨……

客服：陈先生，海鲜比萨不适合您。

顾客：为什么？

客服：根据您的医疗记录，你的血压和胆固醇都偏高。

顾客：那你们有什么可以推荐的？

客服：您可以试试我们的低脂健康比萨。

顾客：你怎么知道我会喜欢吃这种的？

客服：您上星期一在中央图书馆借了一本《低脂健康食谱》。

顾客：好。那我要一个家庭特大号比萨，要付多少钱？

客服：99元，这个足够您一家6口吃了。但您母亲应该少吃，她上个月刚刚做了心脏搭桥手术，还处在恢复期。

顾客：那可以刷卡吗？

客服：陈先生，对不起。请您付现款，因为您的信用卡已经刷爆了，您现在还欠银行4807元，而且还不包括房贷利息。

顾客：那我先去附近的提款机提款。

客服：陈先生，根据您的记录，您已经超过今日提款限额。

顾客：算了，你们直接把比萨送我家吧，家里有现金。你们多久会送到？

客服：大约30分钟。如果您不想等，可以自己骑车来。

顾客：为什么？

客服：根据我们CRM全球定位系统的车辆行驶自动跟踪系统记录，您登记有一辆车号为SB-748的摩托车，而目前您正在解放路东段华联商场右侧骑着这辆摩托车。

顾客当即晕倒……

点评

这是关注大数据的人耳熟能详的一个笑话。故事虽然有些夸张，但是一点也不过分。

作为一个自然人，如今我们生活在大数据时代，从早晨睁开眼睛拿起手机的一瞬间，你的一切在网上的行为就已经被记录了；接着你走出家门，开

车行走在满是摄像头的马路上，你的行踪被记录了，如果你的车上安装着GPS导航仪，你就更加无处遁逃了；接着你到单位或者是按手印或者是刷脸，你又被记录了；你去餐厅刷卡吃早点，你又被记录了……

上面笑话中的顾客陈先生就是这样被记录、被挖掘、被统计的，更重要的是，这些“前科”一旦被记录，就再也无法抹掉了。

小贴士

CRM

CRM，英文全称是Customer Relationship Management，也就是客户关系管理，是指企业用CRM技术来管理与客户之间的关系。在不同场合下，CRM可能是一个管理学术语，也可能是一个软件系统。MBA及EMBA等商管教育对CRM的定义是，企业利用相应的信息技术以及互联网技术来协调企业与顾客间在销售、营销和服务上的交互，从而提升其管理方式，向客户提供创新式的个性化的客户交互和服务的过程。其最终目标是吸引新客户、保留旧客户以及将已有客户转为忠实客户。CRM软件的基本功能包括客户管理、时间管理、潜在客户管理、销售管理、电话销售等，有的软件还包括了呼叫中心、合作伙伴关系管理、商业智能、知识管理、电子商务等。CRM不仅体现为新态企业管理的指导思想和理念，同时还是创新的企业管理模式和运营机制，是企业管理中信息技术、软硬件系统集成的管理方法和应用解决方案的总和。

2. 一头猪的惨叫：大数据都是骗人的啊！

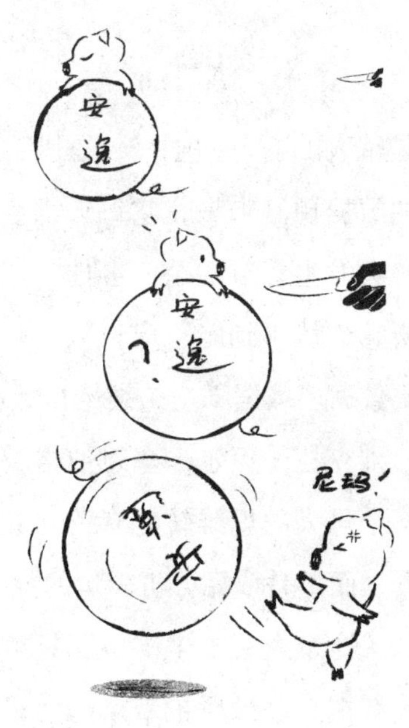

从前有一头猪，自打出生以来，就在猪圈这个世外桃源里美满地生活着。每天都按时有好吃的食物送进来，小猪觉得日子惬意极了！高兴任性时，可在猪圈泥堆里打滚耍泼；忧伤时，可趴在猪圈的护栏上，看夕阳西下。春去秋来，岁月不争。“猪”生如此，夫复何求？

根据过往数百天的大数据分析，小猪预测，未来的日子会一直这样“波澜不惊”地过下去……直到有一天，小猪已经长得膀大腰圆，一眼看上去有些“秀色可餐”，于是，在春节前夕的寒冬腊月，即将展开的血腥杀戮改变了这头“小猪”的信念：唉，大数据都是骗人的啊！

惨叫声戛然而止。

点评

这是关于大数据的一则现代寓言。很多大数据相关的书籍或文章中都引用过，目的是想形象地告诉人们：大数据不是人们想象中那么完美的，如果

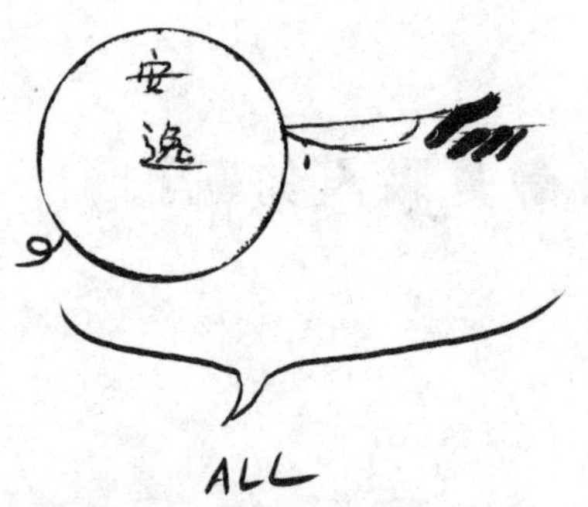

数据不全，再缜密的数据分析，也会出现偏颇，甚至弄出笑话。

那头“悲催”的猪，正好站在过去和未来的一个节点上，它自己掌握的数据分析只停留在它所知道的“优哉游哉”的日常生活中，而没有掌握“猪怕壮”的未来预测。之所以发出“大数据都是骗人的啊”的呐喊，是因为它得出了一个错误的“历史规律”：根据以往的数据预测未来，它每天都会过着“饭来张口”的规律性生活。但是没想到，会发生春节的杀猪事件。造成这个事件的原因是那头小猪，仅仅着眼于分析它“从小到肥”成长数据——局部小数据，而忽略了“从肥到被杀”的历史数据。数据不全，结论自然会走偏。

维克托·迈尔·舍恩伯格教授在其著作《大数据时代》中指出：大数据与三个重大的思维转变有关。其中第一点就是“要分析与某事物相关的所有数据，而不是依靠分析少量的数据样本。”

从这个意义上来讲，那只小猪，只是分析了自己衣食无忧的美好生活，却没有把自己最后被宰杀的命运纳入全部的数据分析当中，才发出了“大数据都是骗人的啊”的哀号。

大数据与三个思维转变

维克托·迈尔·舍恩伯格教授在其著作《大数据时代》中指出：大数据与三个重大的思维转变有关：第一，是全数据模式，即样本=总体；第二，不是精确性，而是混杂性；第三，不是因果关系，而是相关关系。这三个转变是相互联系和相互作用的。

3. 数据盲点："众包"能够实现全数据吗？

美国，波士顿市政府曾经推荐过一款叫作“StreetBump”（颠簸的道路）的智能手机应用软件，驾驶员在开车经过坑洼处的路面时，用手机打开软件搜索并记录数据。热心的波士顿市民们，只要下载并使用这个应用程序后，开着车、带着手机，他们就是一名义务的、兼职的市政工人，这样就可以轻易做到“全民皆市政”。市政厅的全职工作人员就无须亲自巡查道路，而是打开电脑：哪些道路损坏严重，哪里需要维修就能一目了然。波士顿市政府也因此骄傲地宣布：“大数据，为这座城市提供了实时的信息，它帮助我们解决问题，并提供了长期的投资计划。”

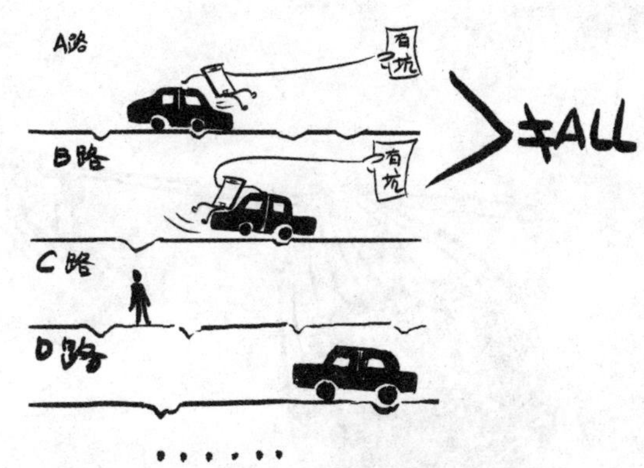

然而，从一开始，“颠簸的道路”的产品设计就是有偏颇的，因为使用这款App的对象，“不经意间”在数据搜集上就会出现以下三种问题。

一是参与信息搜集的人员年龄结构趋近年轻，因为中老年人爱玩智能手机 的相对较少，因此会导致老年社区的道路很可能会因为报告较少而得不到及时维护。

二是使用这款App的人，还得有一部车。虽然有辆车在美国不算个事，但毕竟不是每个人都有，因此，一些贫穷社区和一些无车族也不会提供关于颠

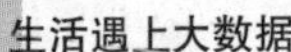

簸道路的信息报告。

三是有钱，还得有闲。仅前面两个条件还不够，使用者还得有“闲心”，想着开车时打开“颠簸的道路”这个App，这样便又流失了一部分的报告者。

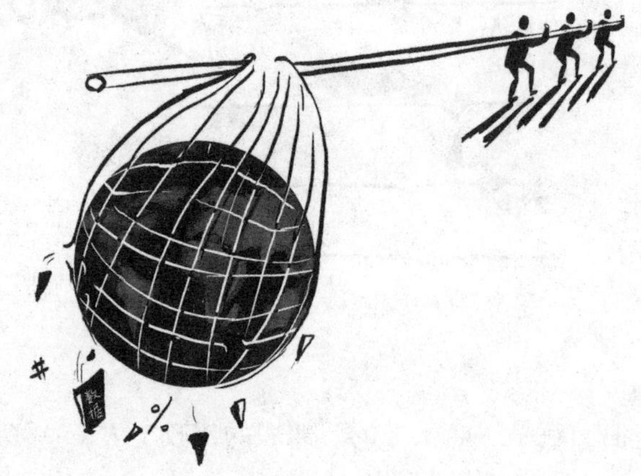

上面的小故事讲的就是“众包”最原始的意义，即在网络社区中的应用——通过一些软件的应用，激发用户的参与度。但问题来了，众人的参与能够产生数据这一定没有问题，问题在于，这些数据是否能够实现大数据所要求的“n=All（所有）”呢？事实上，数据在采集或生成的过程中并非都是平等的，也就是说数据的代表者可能存在局限，上面的关于“众包”的问题就是产生“数据盲点”的非常具有说服力的案例。

我们从上面故事中的三种问题中已经发现，每一个条件就筛选掉了一批样本。比如在一些贫民窟，可能因为使用手机的、开车的、有闲心的App用户偏少，即使有些路面有较多坑洼点，也未必能检测出来。

Kaiser Fung（冯启思）在其畅销书《对“伪大数据”说不：走出大数据分析与解读的误区》中就直言不讳地提醒人们：不要简单地假定自己掌握了所有有关的数据，“n=All”仅仅是对数据的一种假设，而不是现实。

微软纽约研究院的首席研究员Kate Crawford也指出，现实数据是含有系统

偏差的，通常需要人们仔细考量，才有可能找到并纠正这些系统偏差。大数据，看起来包罗万象，但“n=All”往往不过是一个颇有诱惑力的假象而已。

由此看来，当我们仰望数据的星空时，一定要在现实生活中脚踏实地。

小贴士

众　包

众包是美国著名期刊《连线》（Wired）杂志记者Jeff Howe于2006年发明的一个专业术语，用来描述一种新的商业模式。它指的是一个公司或机构把过去由员工执行的工作任务，以自由自愿的形式外包给非特定的（而且通常是大型的）大众网络的做法。众包利用的是众多志愿员工的创意和能力——这些志愿员工具备完成任务的技能，愿意利用业余时间工作，满足于对其服务收取小额报酬，或者暂时并无报酬，仅仅满足于未来获得更多报酬的前景。

4. “棱镜门”事件：被窥探的世界

2013年6月5日，英国《卫报》发表文章，提到美国国家安全局有一项代号为“棱镜”的秘密项目，要求电信巨头威瑞森公司必须每天上交数百万用户的通话记录。第二天，美国《华盛顿邮报》披露称，过去6年间，美国国家安全局和联邦调查局通过进入微软、谷歌、苹果、雅虎等9大网络巨头的服务器，监控美国公民的电子邮件、聊天记录、视频及照片等秘密资料。6月7日，正在加州圣何塞市视察的美国总统奥巴马公开承认该项目的存在。由此，这项由美国国家安全局自2007年起开始实施的绝密电子监听计划浮出水

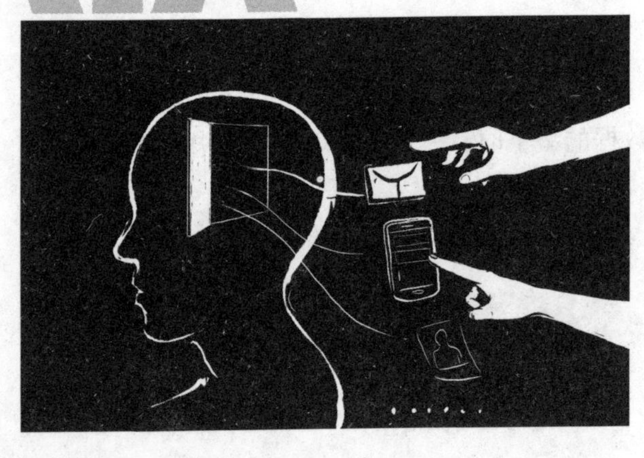

面。“棱镜门”事件强烈地触动了全球民众的神经，引发了民众对于政府侵犯个人隐私、个人自由的极大担忧。“棱镜门”的揭露者是美国中央情报局前职员爱德华·斯诺登。在纪录片《第四公民》中，爱德华·斯诺登还披露了美国国家安全局最高级别“核心机密”行动，即在中国、德国、韩国等多个国家派驻间谍，通过“物理破坏”手段损毁、入侵他国网络设备。美国境内夏威夷、得克萨斯和佐治亚等地也有“定点袭击”人员。

关于窥探，爱德华·斯诺登在接受《卫报》采访时说：“你什么错都没有，但你却可能成为被怀疑的对象，也许只是因为一次拨错了的电话。他们就可以用这个项目仔细调查你的过去，审查所有跟你交谈过的朋友。一旦你连上网络，就能验证你的机器。无论采用什么样的措施，你都不可能安全。”爱德华·斯诺登还说：“我愿意牺牲一切的原因是，良心上无法允许美国政府侵犯全球民众隐私、互联网自由……我的唯一动机是告知公众（政府）以保护他们的名义所做的事以及针对他们所做的事情。”

点评

随着“棱镜门”的公开以及不断地发酵，大家惊讶地发现，美国的网络监控在大数据盛行的今天已经具备了大数据时代的显著特征，主要搜集的不是电话或邮件内容，而是把通话或通信的时间、地点、设备、参与者等元数据作为监控对象。

举例来讲，如果恐怖分子用电子邮件相互联系，那么元数据就是指他们之间的发信时间、地点、设备、频率等基本信息。过去，这样的信息往往被认为没有多少价值，情报部门会把精力放在搜集信件的内容上，但是，现在具备海量数据存储与分析能力之后，这些庞杂的信息经过超级计算机的快速运算，会显示出不易察觉的规律，从而提供有效的情报信息。

为何叫“棱镜门”

棱镜计划（PRISM）是一项由美国国家安全局（NSA）自2007年小布什时期起开始实施的绝密电子监听计划，该计划的正式名号为“US-984XN”。爱德华•斯诺登第一次将这个计划公布于世，使之成为2013年最大的丑闻，所以叫“棱镜门”。

参考文献

1. 〔英〕维克托·迈尔·舍恩伯格，肯尼斯·库克耶. 大数据时代［M］. 盛杨燕，周涛，译. 杭州：浙江人民出版社，2013

2. 〔美〕戴维斯·迈尔斯. 社会心理学［M］. 张智勇，乐国安，侯玉波等，译. 北京：人民邮电出版社，2011

3. 曾杰. 一本书读懂大数据营销［M］. 北京：中国华侨出版社，2016

4. 李德伟，陈佳科，李济汉. 大数据小故事［M］. 北京：中国质检出版社，中国标准出版社，2014

5. 于永昌，刘宇，王冠桥. 大数据时代的教育［M］. 北京师范大学出版社，2015

6. 〔美〕尹恩·艾瑞斯. 大数据思维与决策［M］. 宫真相，译. 北京：人民邮电出版社，2014

7. 〔美〕冯启思. 对"伪大数据"说不：走出数据分析与解读的误区［M］. 曲玉彬，译. 北京：中国人民大学出版社，2015

8. 徐继华，冯启娜，陈贞汝. 智慧政府：大数据治国时代的来临［M］. 北京：中信出版社，2014

9. 徐子沛. 大数据：正在到来的数据革命［M］. 桂林：广西师范大学出版社，2012

10. 〔英〕维克托·迈尔·舍恩伯格. 删除：大数据取舍之道［M］. 袁杰，译. 杭州：浙江人民出版社，2013

11. 〔美〕斯蒂芬·贝克. 当我们变成一堆数字［M］. 张新华，译. 北京：中信出版社，2007

12. 〔美〕伊恩·艾瑞斯. 超级数字天才［M］. 宫真相，译. 北京：青年

出版社，2008

13.〔美〕迈克尔刘易斯．魔球：逆境中制胜的智慧［M］．游宜桦，译．北京：早安财经文化有限公司，2005

14.〔美〕戴维·奥尔森．商业数据挖掘导论［M］．石勇，译．北京：机械工业出版社，2007

15. 徐子沛．数据之巅［M］．北京：中信出版社，2014

16. 韦康博．互联网大败局：互联网时代必先搞懂的失败案例［M］．北京：世界图书出版公司，2017

17.〔美〕纳西姆·尼古拉斯·塔勒布．黑天鹅：如何应对不可预知的未来［M］．万丹，刘宁，译．北京：中信出版社，2011

18.〔美〕朱丽叶·斯蒂尔，诺亚·伊林斯基．数据可视化之美［M］．朱洪凯，李妹芳，译．北京：机械工业出版社，2011

19.〔加〕马歇尔·麦克卢汉．理解媒介：人的延伸［M］．河道宽，译．成都：四川人民出版社，1992

20.〔英〕西蒙·罗杰斯．数据新闻大趋势：释放可视化报道的力量［M］．岳跃，译．北京：中国人民大学出版社，2015

21. 何秋养．“棱镜门”解读：瑞星揭露国内信息安全五大盲区［N］．信息时报，2013

22. 李开复．网络时代的金科玉律［N］．人民日报，2000（03）

23.〔美〕安德鲁·麦卡菲，艾克里·布林约尔松．大数据：一场管理革命［J］．哈佛商业评论，2012

24.〔美〕斯皮维．达人迷智能家居．北京：中国邮电出版社，2017

25. 数托邦．中国娱乐大数据．北京：东方出版社，2014

后　记

当“最终版”的书稿交到出版社的时候，本该放下的心却变得无比忐忑。望着眼前30多本有关“互联网”“大数据”的著作，我依然沉浸在一年来写作这本书的情绪中，久久回不过神儿来。

作为一名文科生出身的我，萌生要写一本关于大数据的大众读物的想法，从构思到最后辍笔的那一刻，大脑中甲乙两个小人的争吵一直未曾停止过。

好在，关注大数据的专家、学者、爱好者，先于我们，对大数据做了那么多的描述、解释和深入浅出的论述，他们都在前面的参考文献中，再次向这些“巨人的肩膀”表达我深深的谢意！

好在，还有一个创作小团队——另外三位作者：谢琼、付饶、王宁。她们年轻、活泼，思想前卫，在寻找资料、编写小故事、制作小贴士的时候充分发挥各自的优势，才赋予这本书故事性、知识性、科普性！

好在，还有本书插图的两位作者——毕业于鲁美的“大城市铁岭”的张莹和内蒙古师范大学美术学院的赵丽霞，她们用线条、造型和构图，彰显了这本书的生动性、直观性、趣味性！

好在，还有积极推动本书出版的杨敏女士，她的敦促和鼓励使这本书得以面世于读者。

好在，还有你，亲爱的读者，我知道你在阅读后还会反馈给我们非常宝贵的意见和建议。

再次表达我深深的感谢！

2017年12月于青城